Erhard Beppler · Energiewende 2014 – ein Debakel

DR. ERHARD BEPPLER ist Diplom-Ingenieur der Fachrichtung Metallurgie. Seine Tätigkeit in leitender Funktion bei der ThyssenKrupp AG in Forschung und Entwicklung im Wesentlichen im Bereich der Optimierung von Einsatzstoffen, der Prozesstechnik sowie der Modellierung von Prozessabläufen verschaffte ihm ein breites Wissen in physikalisch-chemischer und metallurgischer Verfahrenstechnik. Seine Forschungsarbeiten fanden Niederschlag in zahlreichen Publikationen im In- und Ausland. Durch sein breit aufgestelltes Wissen wurde er zur Leitung von nationalen und internationalen Ausschüssen / Veranstaltungen berufen.

Im Jahr 2000 schied er bei der ThyssenKrupp AG aus und beschäftigt sich seit dieser Zeit mit Klimafragen und den »Energiewenden« in Deutschland.

2013 erschien sein Buch: »Energiewende – Zweite industrielle Revolution oder Fiasko«, ISBN 978-3-7322-0034-4

Erhard Beppler

# Energiewende 2014 – ein Debakel

Wann sind wie viele Stromspeicher zum Gelingen der Energiewende erforderlich?

© 2015 Erhard Beppler
Satz, Layout und Umschlaggestaltung: Buch&media GmbH, München
Umschlaggestaltung unter Verwendung einer Fotografie von © Christiane Beppler-Aivazidis
Herstellung und Verlag: BoD – Books on Demand
Printed in Germany · ISBN 978-3-7386-9418-5

# Inhalt

# 1. Einleitung

Aussagen zur Notwendigkeit von Stromspeichern zum Gelingen der Energiewende sind schon häufig gemacht worden, ohne jedoch eine exakte Beschreibung von Anzahl und Zeitpunkt ihrer erforderlichen Installation zu benennen. Hans-Werner Sinn hat erstmals systematisch die Quantität der erforderlichen Energiespeicher auf der Basis des im Jahr 2011 (Lit. 1) und 2013 (Lit. 2) erzeugten volatilen Wind- und Solarstroms errechnet, um den schwankenden Strom überhaupt nutzbar machen zu können, würde er denn ausschließlich über Wind und Sonne erzeugt.

Nun sind die so erzeugten Strommengen zurzeit aber noch eingebettet in die Stromerzeugung aus den konventionellen Kraftwerken und deren Flexibilität, sodass der aktuell aus Wind und Solar anfallende Überschussstrom noch einigermaßen abgefedert werden kann, nicht zuletzt durch die Abgabe an Nachbarländer über eine Zuzahlung (Stichwort »negative Strompreise«).

Es stellt sich jedoch die Frage, wie bei der zunehmenden volatilen Stromerzeugung über Wind und Solar bis zum Jahr 2050 der zu erwartende Überschussstrom beherrscht werden kann.

Ziel dieser Ausarbeitung ist es daher, den für das Gelingen dieser Energiewende notwendigen Zeitpunkt der Installation von Energiespeichern sowie ihre Anzahl unter den Bedingungen der »Energiewende 2014« zu errechnen.

Da aber in den Angaben zur Energiewende 2014 weder die Stromerzeugung bis 2050 noch der Anteil der konventionellen Stromerzeugung an der Gesamtstromerzeugung angegeben werden, wurde zunächst in einem ersten Schritt die klar definierte Energiewende 2010/2011 für eine Betrachtung der Überschussstrommengen und die zum Gelingen der Energiewende zu fordernden Stromspeicher errechnet, um in einem zweiten Schritt die Energiewende 2014 mit ihren unzureichenden Vorgaben im Hinblick auf die Voraussetzungen für ihr mögliches Gelingen zu prüfen.

In einer früheren Arbeit war herausgearbeitet worden, dass bei einer Nichtinstallation von Stromspeichern der Anteil der alternativen Energien an der Stromerzeugung nach dem Plan der Energiewende 2010/2011

im Jahr 2050 nicht über 38 Prozent angehoben werden kann (Lit. 3) –
eine erschreckende Abweichung von der im Rahmen der Energiewende
festgelegten Zielsetzung von mindestens 80 Prozent, geschweige denn
von den Vorstellungen diverser Parteien, Nichtregierungsorganisationen
sowie der Kirchen.

# 2. Über die Illusion, 80–100 Prozent des Stroms über alternative Energien erzeugen zu können, am Beispiel der Energiewende 2010 / 2011

## 2.1 Erneuerbare-Energien-Gesetz 2010 / 2011

Die Folgen der tief verwurzelten Klimaängste führten in Deutschland zunächst zur Energiewende 2010 mit einer massiven Umstellung auf regenerative Energietechniken zur Stromerzeugung mit folgenden Zielen:

Anteil erneuerbarer Energien

|  | 2020 | 2050 | $CO_2$-Minderung |
|---|---|---|---|
|  | 35 % | mind. 80 % | 80–95 % |

Maßnahmen zur Erreichung der Ziele:

| Stromverbrauch: | -20 % | -50 % |
|---|---|---|

(-25 % Effizienz, +25 % Import aus alternativen Energien: 21 GW)

Der Vorfall in Fukushima führte dann zum Beschluss des Atomausstiegs bereits für das Jahr 2022 bei schnellerem Ausbau der Netze und Öko-Energien.

In der Anlage 1 (Basisszenario A) sind die gemäß der Energiewende 2010 / 2011 bis 2050 zu installierenden Stromerzeugungsverfahren mit ihren Kapazitäten und ein Vergleich mit der entstehenden nutzbaren Leistung (GW eff.) der verschiedenen Stromerzeugungsverfahren dargestellt.

Windkraftanlagen an Land können in Deutschland nur zu weniger als 20 Prozent genutzt werden, Solaranlagen zu weniger als 10 Prozent, Kernenergieanlagen zu rund 95 Prozent, Kohlekraftwerke zu rund 90 Prozent, ebenso Biogasanlagen. Dennoch wurde für die im Folgenden angestellten Überlegungen für Windkraft- und Solaranlagen in Anlage 1 zunächst eine Nutzung von 20 bzw. 10 Prozent angesetzt.

Im Erneuerbare-Energien-Gesetz wird davon ausgegangen, dass im Jahr 2050 die fossile Energie nur noch über Gaskraftwerke beigestellt wird, der über alternative Energien erzeugte Strom hat grundsätzlich Vorrang.

## 2.2 Spannbreite der Stromerzeugung über die volatilen Stromerzeuger Wind und Sonne

Die in Anlage 1 dargestellten Stromerzeugungskapazitäten nach dem Plan der Energiewende 2010/2011 über konventionelle (Atomkraft, fossile Kraftwerke) sowie alternative Stromerzeuger (Wind, Sonne, Sonstige, Biomasse, Wasser etc.) sind in Abbildung 1 bis zum Jahr 2050 grafisch dargestellt.

Die starke Zunahme der installierten alternativen Energien »Sonstige« sowie Wind und Sonne von 56 GW in 2010 auf 164 GW in 2050 sowie die Abnahme der konventionellen Stromerzeugung von 98 auf 40 GW werden dabei sichtbar.

Gleichzeitig wird die zunehmende Spanne der volatilen Stromerzeuger Wind und Sonne von 46 GW in 2010 auf 144 GW in 2050 deutlich. Das bedeutet z. B. für das Jahr 2050, dass diese Stromerzeugung theoretisch zwischen tatsächlich 0 GW (z.B. nachts bei Windstille) und 144 GW schwanken kann. Dies wiederum bedeutet, dass diese Schwankungsbreiten – sofern keine Stromspeicher zur Verfügung stehen – durch konventionelle Kraftwerke aufgefangen werden müssen, d. h., die konventionellen Stromerzeuger müssen in ständiger Bereitschaft stehen – mit all den damit verknüpften Kosten.

Wie erwähnt nimmt das Stromangebot aus konventionellen Kraftwerken bis 2050 ab, liegt aber plangemäß – im Gegensatz zur Energiewende 2014 – im Jahr 2050 mit 40 GW in einem Bereich, der für eine sichere Stromerzeugung erforderlich ist (vgl. Kapitel 4).

Weiterhin ist bei der Betrachtung von Abbildung 1 bemerkenswert, dass bei viel Sonne und Wind bereits in naher Zukunft die alternative Stromerzeugung die Netzkapazität überschreiten wird.

Auswertungen der Stromerzeugung von Wind, Sonne und Wind plus Sonne bezogen auf die jeweilige Nennleistung der Jahre 2011–2013 haben jedoch gezeigt, dass zwar bei der ausschließlichen Betrachtung der Windleistung diese bis zu 85 und bei der Solarleistung diese bis zu 80 Prozent an die Nennleistung heranreichen, bei der summarischen Betrachtung aber nur zu 60 Prozent (Abb. 2–4) (Lit. 4). Diese 60-Prozent-Spitzen aus Wind plus Sonne sowie Sonstige (genutzt) sind ebenfalls in Abb. 1 einbezogen). Das kommt daher, dass in unseren Breiten bei hoher Sonneneinstrahlung die Windstärken niedriger liegen (vgl. auch Lit. 1).

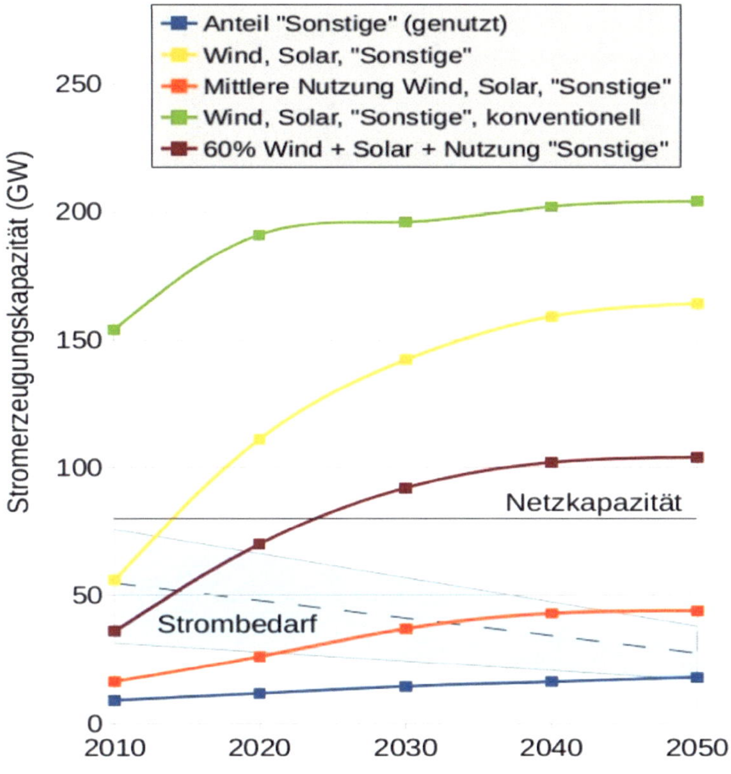


Abb. 1: Stromerzeugungskapazität der verschiedenen Stromerzeuger gemäß Energiewende 2010 / 2011

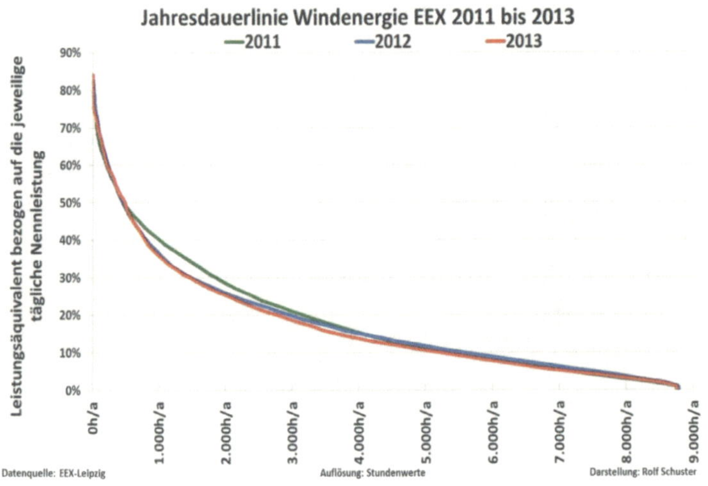


Abb. 2: Auf die Nennleistungen bezogene stündliche Windleistungen für die Jahre 2011–2013

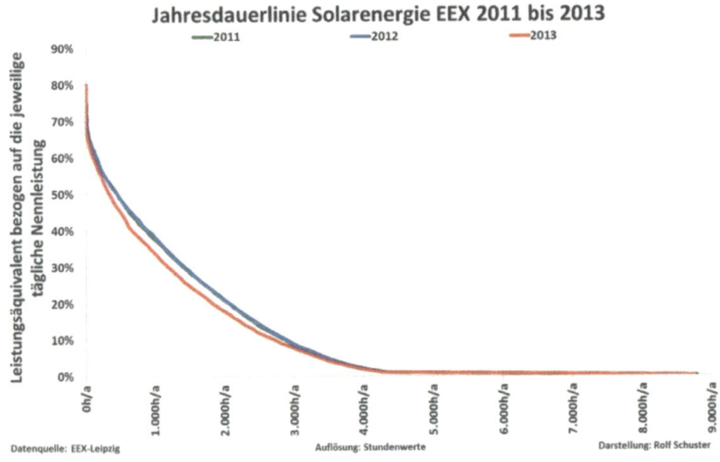


Abb. 3: Auf die Nennleistungen bezogene stündliche Solarleistungen für die Jahre 2011–2013

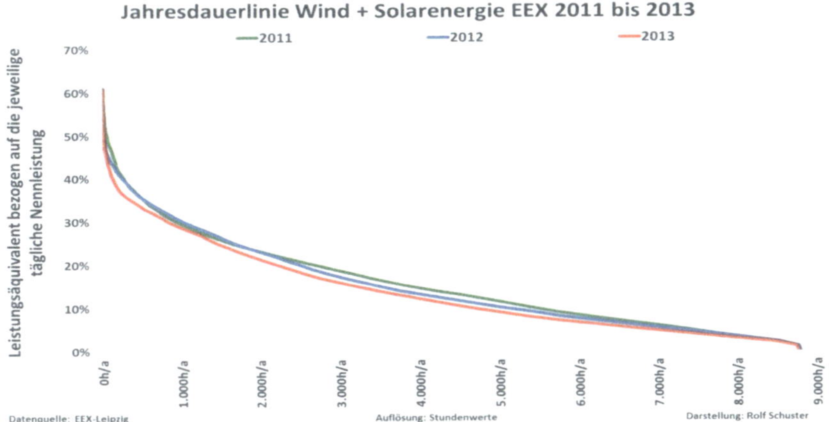


Abb. 4: Auf die Nennleistungen bezogene stündliche Wind-plus-Solar-Leistungen für die Jahre 2011–2013

Als Beleg, dass das Stromangebot über Wind und Solar gegen 0 GW gehen kann, zeigt Abbildung 5 am Beispiel April 2014 eine mögliche erzeugte Stromuntergrenze über Wind und Sonne von 0,2 Prozent bezogen auf die Nennleistung von Wind plus Sonne von 71 GW (Lit. 5). Da es sich hier um viertelstündliche Mittelwerte handelt, kann die Stromerzeugung über Wind und Sonne über kürzere Zeiträume noch niedriger liegen.

Wind kann, wie in Abbildung 2 dargestellt (2011–2013), über eine Zeit von 8760 – 5000 = 3760 h/a nur zu 10 Prozent seiner Nennleistung genutzt werden. Da die Solarenergie praktisch nur sechs Monate genutzt werden kann (vgl. Abb. 3), gilt auch für die Nutzung von Wind-plus Solarenergie die Aussage der Nutzung von weniger als 10 Prozent der Nennleistung für die Zeit von 3760 h/a (s. Abb. 4).

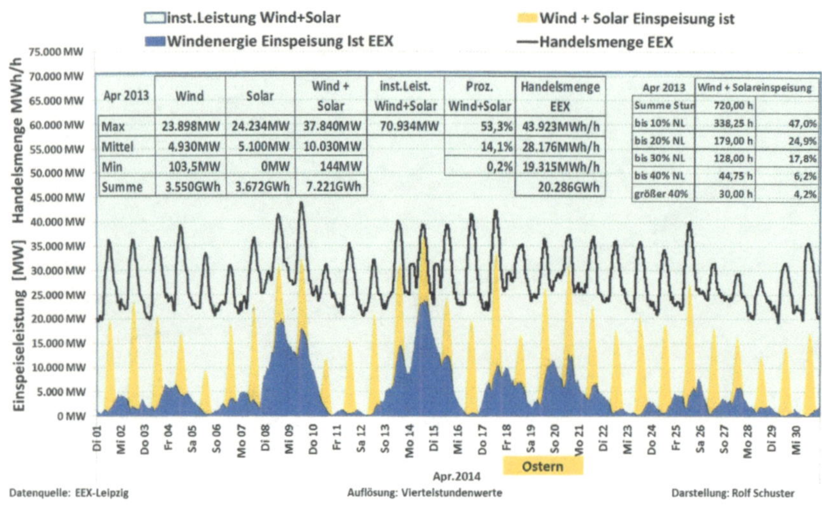



| Apr 2013 | Wind | Solar | Wind + Solar | inst.Leist. Wind+Solar | Proz. Wind+Solar | Handelsmenge EEX |
|---|---|---|---|---|---|---|
| Max | 23.898MW | 24.234MW | 37.840MW | 70.934MW | 53,3% | 43.923MWh/h |
| Mittel | 4.930MW | 5.100MW | 10.030MW | | 14,1% | 28.176MWh/h |
| Min | 103,5MW | 0MW | 144MW | | 0,2% | 19.315MWh/h |
| Summe | 3.550GWh | 3.672GWh | 7.221GWh | | | 20.286GWh |

| Apr 2013 | Wind + Solareinspeisung | |
|---|---|---|
| Summe Stun | 720,00 h | |
| bis 10% NL | 338,25 h | 47,0% |
| bis 20% NL | 179,00 h | 24,9% |
| bis 30% NL | 128,00 h | 17,8% |
| bis 40% NL | 44,75 h | 6,2% |
| größer 40% | 30,00 h | 4,2% |



Abb. 5: Einspeiseleistungen Wind plus Solar sowie Handelsmengen EEX im April 2014

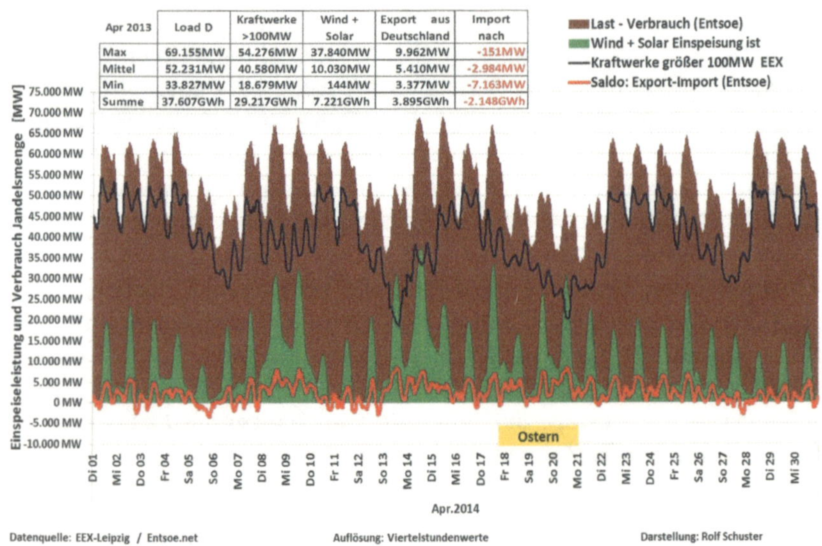

| Apr 2013 | Load D | Kraftwerke >100MW | Wind + Solar | Export aus Deutschland | Import nach |
|---|---|---|---|---|---|
| Max | 69.155MW | 54.276MW | 37.840MW | 9.962MW | -151MW |
| Mittel | 52.231MW | 40.580MW | 10.030MW | 5.410MW | -2.984MW |
| Min | 33.827MW | 18.679MW | 144MW | 3.377MW | -7.163MW |
| Summe | 37.607GWh | 29.217GWh | 7.221GWh | 3.895GWh | -2.148GWh |



Abb. 6: Einspeiseleistungen Wind plus Solar und Kraftwerke größer 100 MW, Saldo Export-Import sowie Stromverbrauch im April 2014

14

Die Wind-plus-Sonne-Spitzen erreichten im Monat April 2014 mit etwa 35 GW die Hälfte der installierten Wind- und Solarleistung (s. Abb. 6) (Lit. 5). Geht man davon aus, dass im Jahr 2050 mit 144 GW etwa die doppelte Wind- und Solarkapazität installiert sein soll, dann sind Spitzen in dieser Sparte von etwa 70 GW zu erwarten – in der Größenordnung der z. T. üblichen täglichen Strombedarfsspitzen.

Da die jährliche Stromerzeugung nach dem Plan der Energiewende 2010 / 2011 bis zum Jahr 2050 auf 300 Mrd. kWh halbiert werden soll, übersteigen diese Spitzen den Strombedarf um das Doppelte.

Hierauf wird später eingegangen.

Abbildung 1 enthält auch die mittlere nutzbare Stromerzeugung über die Sonstigen sowie die Summe von Wind plus Solar plus Sonstige.

So werden im Jahr 2050 bei einer vorgesehenen Stromerzeugung von 300 Mrd. kWh / a im Mittel 26,3 GW eff. über Wind plus Sonne und 18 GW eff. über Sonstige beigestellt werden, in Summe also 44,3 GW. Dem stehen obsolete 36 GW aus fossilen Energieträgern gegenüber, denn die mittlere Stromerzeugung über die alternativen Energien übersteigt schon den Strombedarf, so sie denn nutzbar gemacht werden kann (vgl. Abschnitt 2.3).

Abb. 7: Gesamtwindleistung von März 2011, hochgerechnet auf eine

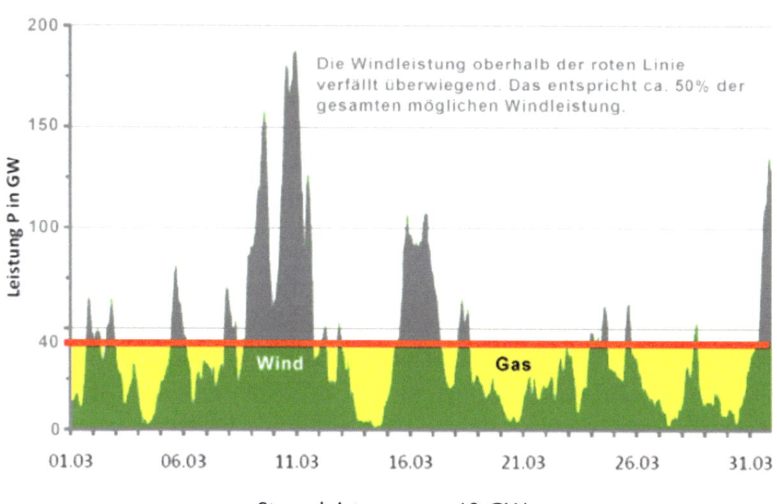


Stromleistung von 40 GW

26,3 GW eff. über Wind plus Sonne können aber nur genutzt werden, wenn entweder die über dem mittleren Nutzungsgrad anfallenden Strommengen gespeichert und in Zeiten unterhalb des mittleren Nutzungsgrads wieder eingespeist werden (Beispiel Abb. 7: Stromerzeugung März 2011 von allen deutschlandweit vorhandenen 21214 Windenergieanlagen, hochgerechnet auf eine Stromleistung von 40 GW) (Lit. 6). Die Darstellung in Abbildung 7 gilt für den ausschließlichen Einsatz von Windstrom. Da Solarstrom in ähnlicher Weise um einen Mittelwert schwankt (s. Abb. 5), gilt die für den Windstrom angestellte Überlegung generell.

⇨ Wenn – wie später gezeigt werden wird – eine solche Stromspeicherung nicht möglich ist, verbleibt nur die Schließung der Leistungslücken unterhalb des mittleren Nutzungsgrades durch Gas (wie im Beispiel Abb. 7). Das bedeutet dann aber auch, dass 50 Prozent des Wind- und Solarstroms nicht genutzt werden können!

## 2.3 Unumgängliche Stromspeicherung zum Gelingen der Energiewende 2010 / 2011

Wie bereits oben angedeutet ist in Abbildung 1 neben den Daten der Energiewende 2010 / 2011 auch die Verteilung des mittleren stündlichen Strombedarfes der Jahre 2011–2013 aus Abbildung 8 (Lit. 4) eingetragen, wobei der Halbierung des Strombedarfs bis zum Jahr 2050 Rechnung getragen wird. Die stündlichen Daten in Abbildung 8 schwanken in diesen Jahren zwischen 32 (nachts) und 76 GW (Tagesspitzen).

Durch die Halbierung der Stromerzeugung bis 2050 halbiert sich die Schwankungsbreite auf 16–38 GW (Abb. 1).

Die Darstellung zeigt, dass sich im Jahr 2019 die 60-Prozent-Spitzen des Stromangebots über Wind plus Sonne sowie Sonstige (genutzt) bereits mit der oberen Strombedarfslinie schneiden werden.

Zurzeit (2014) schneidet diese 60-Prozent-Linie etwa den mittleren täglichen Strombedarf, was bedeutet, dass nachts und an den Wochenenden das Stromangebot über die alternativen Energien zu Überangebot führen kann, was dann bei nicht ausreichender Flexibilität der konventionellen Stromerzeuger Stromüberschüsse zur Folge haben kann (negative Strompreise). Dieser Zustand wird bis 2019 vermehrt zunehmen und ab

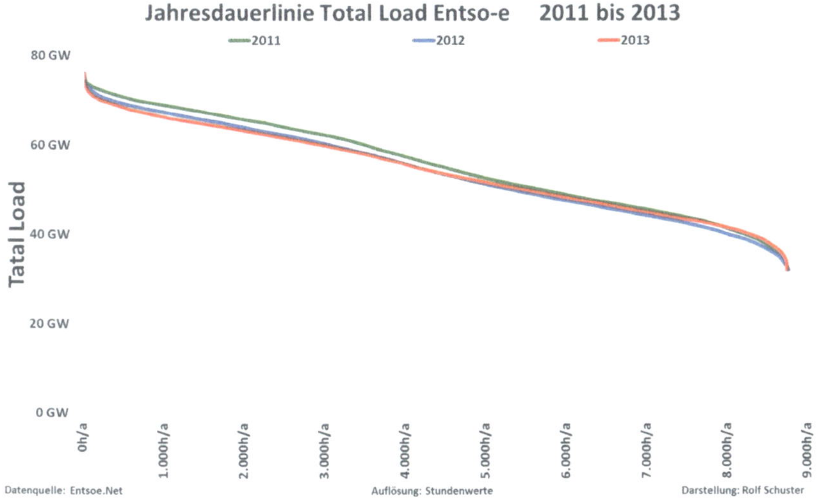


Abb. 8: Verteilung des stündlichen Strombedarfs für die Jahre 2011–2013

2019 wird das Stromangebot über die alternativen Energien deutlich über dem Strombedarf liegen, d. h., dass entweder Stromspeicher diese Strommengen übernehmen oder Wind- und Solaranlagen ab 2019 in solchen Spitzenzeiten stillgesetzt werden müssen.

Im Jahr 2050 liegt dann die mittlere Nutzung aus Wind plus Sonne plus Sonstige um 2,3 GW über der oberen Strombedarfslinie. Die untere Strombedarfslinie kann sogar ausschließlich über die Sonstigen abgedeckt werden.

Nach 2019 überschreitet das 60-Prozent-Stromangebot über die alternativen Energien die Strombedarfslinien wie folgt, Werte in GW:

|  | obere | mittlere | untere Strombedarfslinie |
|---|---|---|---|
| 2020 | 4 | 23 | 41 |
| 2025 | 23 | 40 | 56 |
| 2030 | 37 | 52 | 67 |
| 2040 | 56 | 67 | 82 |
| 2050 | 66 | 76 | 87 |

In Abbildung 9 sind diese Daten des Überstromangebots grafisch dargestellt. Hierzu ist anzumerken, dass es sich um Mittelwerte handelt und
dass durch das stochastische Verhalten z. B. die obere Strombedarfslinie
im Jahr 2019 nicht zwangsläufig zeitlich mit dem 60-Prozent-Stroman-
gebot über alternative Energien zusammenfallen muss und umgekehrt.
Dies bedeutet, dass die oben angegebenen GW-Differenzen ständig va-
riieren können.

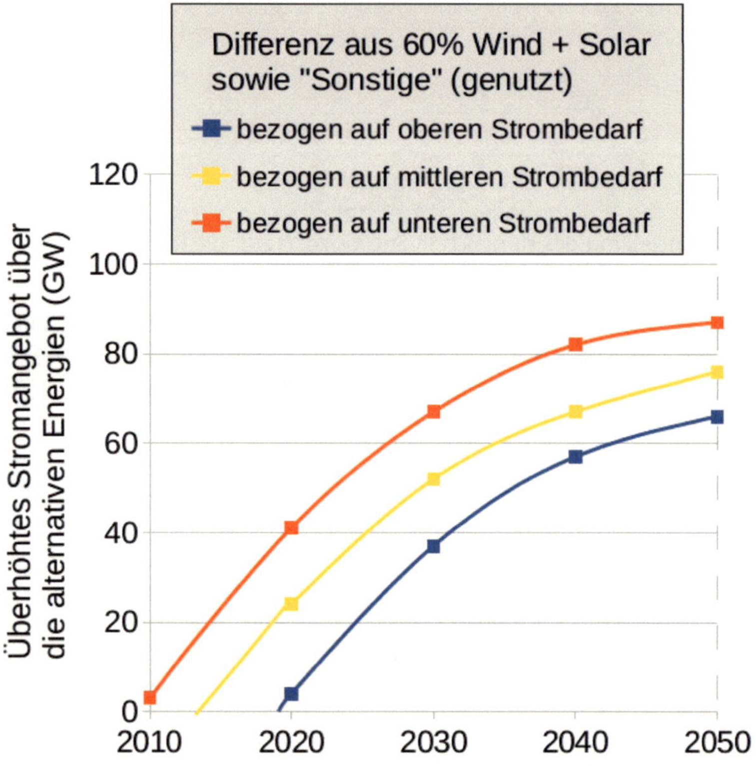


Abb. 9: Darstellung des überhöhten Stromangebots über die alternativen
Energien, gemessen am Strombedarf gemäß Energiewende 2010/2011

So kann z. B. im Jahr 2019 nachts, wenn die untere Strombedarfslinie zum Tragen kommt, dennoch bei starkem Wind die untere Strombedarfslinie massiv überschritten werden, was zu erheblichem Überschussstrom führen kann, der entweder zu Nachbarländern abgeschoben werden muss (was aber zunehmend durch den Bau von Phasenschiebern verhindert wird), oder die Anlagen müssen bei fehlenden Speichern stillgelegt werden.

So war im Jahr 2013 der physikalische Stromaustausch mit unseren Nachbarländern mit 72,1 Mrd. kWh beträchtlich. Der höchste Stromexport fand mit den Niederlanden (24,5), Österreich (14,4) und der Schweiz (11,7 Mrd. kWh / a) statt, der höchste Import mit den Ländern Frankreich (11,8) und Tschechien (9,4 Mrd. kWh / a) über Atomstrom (Lit. 7).

Die hohen Exporte kommen im Wesentlichen durch den subventionierten Überschussstrom über die alternativen Energien zustande und führten in den Niederlanden zu deutlich abfallenden Strompreisen, außerdem sind Arbeitsplätze in einigen Ländern durch das notwendige Zurückfahren ausgerechnet von Pumpspeicherwerken durch den billigen deutschen subventionierten Stromimport gefährdet (Österreich, Schweiz).

⇨ Da im Bereich der stochastischen Überlagerung von Stromangebot über die alternativen Verfahren und der stochastischen Verteilung der Stromnachfrage eine mathematische Berechnung der Stromüberschussmengen schwer möglich ist, werden in der folgenden Betrachtung nur die Überschussmengen außerhalb der stochastischen Überlagerung betrachtet, d. h. die Strommengen zwischen der 60-Prozent-Linie der alternativen Energien und der oberen Strombedarfslinie, wohlwissend, dass damit nur die Mindestmenge an Überschussstrom erfasst werden kann.

Über die in Abbildung 9 beschriebenen Abstände zwischen den über die alternativen Energien angebotenen Stromkapazitäten und dem Strombedarf können noch keine Aussagen zu Strommengen gemacht werden, dazu bedarf es der statistischen Verteilung der Wind- und Solardaten (Abb. 2–4).

Dazu werden folgende Überlegungen angestellt: Es lassen sich für das Jahr 2030 die zu speichernden Strommengen aus dem Abstand der oberen Strombedarfslinien und dem 60-Prozent-Stromangebot über Wind plus Solar sowie Sonstige (genutzt) mithilfe von Abbildung 4 – des »Leistungsäquivalents bezogen auf die jeweilige tägliche Nennleistung« – abschätzen (s. Anlage 2).

Daraus ergeben sich die zu speichernden Strommengen und erforderlichen Speicher wie folgt:

|  |  | 2030 |
|---|---|---|
| - zu speichernde Strommengen | (GWh/a) | rd. 43500 |
|  | (GWh/Tag) | rd. 119 |
| - Anzahl Speicher der Goldisthalgröße zum Auffangen des täglichen Überschussstroms $\frac{119}{8,4}$ | (n) | rd. 14,2 |

Das größte deutsche Pumpspeicherwerk Goldisthal hat eine Leistung von 1,05 GW und kann die Leistung jeweils acht Stunden lang liefern: 8,4 GWh (Kosten 600 Mio. Euro bei einer Bauzeit von elf Jahren).

⇨ Der mit dem Überschussstromanfall ab 2019 gleichzeitig zu fordernde abgeschlossene Bau der Stromspeicher ist für das Gelingen der Energiewende unabdingbar, da aus den Speichern Strom in den Zeiten des zu geringen Stromangebotes unterhalb der mittleren Wind- und Solarnutzung wieder beigestellt werden muss (vgl. Abb. 7).

Bei der Berechnung der Anzahl Wasserspeicher ist nicht berücksichtigt, dass der Wirkungsgrad bei etwa 75% liegt.

Die zurzeit in Deutschland vorhandenen Pumpspeicherwerke können 7 GW bzw. 56 GWh abdecken.

Da sich die mittlere Nutzung von Wind plus Sonne plus Sonstige im Jahr 2040 mit der oberen Strombedarfslinie fast schneidet, im Jahr 2050 sogar über der oberen Bedarfslinie liegt (Abb. 1) und da die Leistung unterhalb der mittleren Nutzungslinie Wind und Solar genauso hoch liegen muss wie die oberhalb dieser Linie (Abb. 7), können für die Jahre 2040 und 2050 die folgenden zu speichernden Strommengen und erforderliche Stromspeicher nun auch errechnet werden:

|   |   | 2040 | 2050 |
|---|---|---|---|
| 1. Installation Wind und Solar (Anlage 1) | (GW) | 141 | 144 |
| 2. Mittlere nutzbare Leistung Wind und Sonne (Anlage 1) | (GW eff.) | 21,7 | 22,3 |
| 3. Täglich anfallende zu speichernde Strommenge $\dfrac{\text{GW eff. x 24 h}}{2}$ | (GWh) | 260 | 268 |
| 4. Anzahl Speicher für das tägliche Auffangen des Überschussstroms (Basis Goldisthal) $\dfrac{\text{Spalte 3}}{8,4}$ | (n) | 31 | 31,9 |

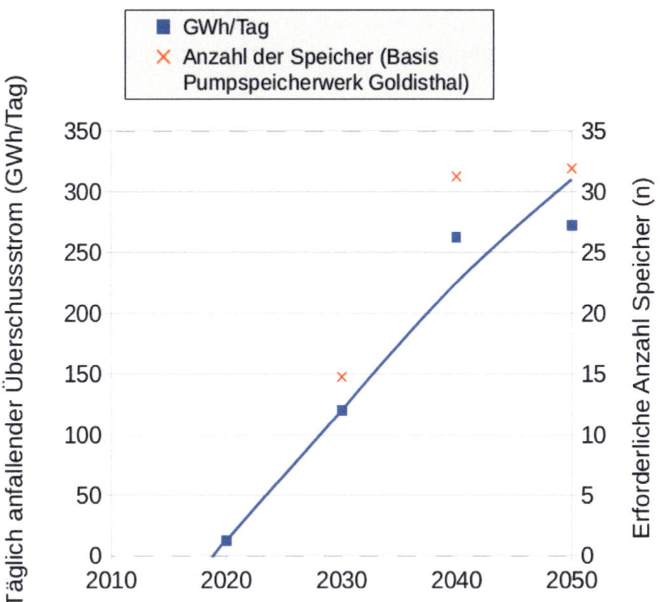


Abb. 10: Zu speichernde Strommenge sowie erforderliche Stromspeicher als Grundvoraussetzung für das Gelingen der Energiewende 2010 / 2011

In beiden Fällen wurde auf eine Korrektur (mithilfe von Abb. 4) der Tatsache verzichtet, dass die obere Strombedarfsgrenze im Jahr 2040 leicht oberhalb und im Jahr 2050 leicht unterhalb der mittleren Nutzung von Wind plus Sonne plus Sonstige liegt.

Im Folgenden soll nun am Beispiel des Jahrs 2019 die Schwierigkeit der Berechnung von Überschussstrom anhand der Betrachtung der mittleren und unteren Strombedarfslinie sichtbar gemacht werden – also im Bereich der stochastischen Überlagerung.

Wie bereits erwähnt, liegt im Jahr 2019 das überhöhte Stromangebot über die alternativen Stromerzeuger gemessen am mittleren Strombedarf bei etwa 20 GW, wenn man von Mittelwerten ausgeht (Abb. 9).

Daraus lässt sich mithilfe von Abbildung 4 eine Strommenge von etwa 13800 GWh/a bzw. 38 GWh/Tag abgreifen (Anlage 2), der ein stochastisch verteiltes mittleres bis oberes Stromangebot gegenübersteht, was zwangsläufig zu Zeiten führt, in denen die Stromerzeugung über die alternativen Energien über dem Strombedarf liegen muss und umgekehrt, wie die Vergangenheit schon hinreichend bewiesen hat.

## 2.4 Erforderliche Anzahl Stromspeicher zur Abdeckung einer 14-tägigen Windflaute mit wenig Sonnenschein

Die Energiewende 2010/2011 sah vor, die Stromerzeugung ausschließlich über alternative Energien und Erdgas zu bewältigen. Das bedeutet aber auch, dass z. B. im Winter bei einer Windflaute von 14 Tagen und wenig Sonnenschein wegen fehlender Stromspeicher der gesamte Strom nur über Erdgas erzeugt werden müsste.

Es müssten dann in den Jahren 2030–2050 für die Abdeckung einer einzigen Windflaute folgende Strommengen über Erdgas beigestellt oder über folgende im Voraus gefüllte Stromspeicher gesichert werden:

|  |  | 2030 | 2040 | 2050 |
| --- | --- | --- | --- | --- |
| ○ Mittlere nutzbare Leistung Wind plus Sonne (Anlage 1) | (GW eff.) | 18,9 | 21,7 | 22,3 |
| ○ Über Erdgas abzudeckende Strommenge für 14 Tage GW eff. x 24h x 14 Tage | (GWh) | 6350 | 7291 | 7493 |
| ○ Erforderliche Anzahl äquivalenter im Voraus zu füllender Speicher der Goldisthal-Größe | (n) | 756 | 868 | 892 |

Der Erdgasverbrauch in Deutschland liegt bei etwa 945 Mrd. kWh / a oder 945000 GWh / a, davon gehen etwa 113 Mrd. kWh / a oder 113000 GWh / a in die Kraftwerke zur Abdeckung insbesondere von Stromspitzen.

Es ist geradezu absurd, wenn zurzeit die für das Gelingen dieser Energiewende unabdingbaren Pumpspeicherwerke vermehrt geschlossen werden müssen durch die Einspeisung eines durch das EEG kostenfreien und bevorzugt abzunehmenden Stroms aus alternativen Energien, die zwangsläufig auch zur Schließung aller anderen (konventionellen) Stromerzeugungsverfahren führen muss.

Es ist nicht nachvollziehbar und tragisch zugleich, dass in einem hoch entwickelten Industrieland wie Deutschland am Ende Angstfantasien vor natürlichen Klimaveränderungen etc. stärker sind als nüchterner Realismus (vgl. Kapitel 5).

## 2.5 Mögliche quantitative Stromerzeugung über die alternativen Energien auf der Basis der Energiewende 2010 / 2011 ohne Stromspeicher

Im Jahr 2013 lagen die installierten Nennleistungen über Wind und Solar bei rund 68 GW, über Sonstige bei rund 10 GW. In den nächsten Jahren sollten laut der Energiewende 2010 / 2011 folgende Leistungen installiert werden (s. Anlage 1):

|        | Wind (GW) | Wind (GW eff.) | Solar (GW) | Solar (GW eff.) | Sonstige (GW) | Sonstige (GW eff.) |
|--------|-----------|----------------|------------|-----------------|---------------|--------------------|
| 2020   | 46        | 9,2            | 52         | 5,2             | 13            | 11,7               |
| 2030   | 63        | 12,6           | 63         | 6,3             | 16            | 14,4               |
| 2050   | 79        | 15,8           | 65         | 6,5             | 20            | 18                 |

Abbildung 7 verdeutlicht, dass eine volle Nutzung der GW eff. der volatilen Stromerzeuger Wind und Sonne nur möglich ist, wenn die über dem mittleren Nutzungsgrad anfallenden Strommengen aufgefangen (gespeichert) und bei Bedarf unterhalb des mittleren Nutzungsgrads wieder eingespeist werden können. So wäre auch eine 100%ige Stromerzeugung über Wind und Solar theoretisch möglich, auf andere Möglichkeiten wird später eingegangen (im gegebenen Fall wird dies durch die Stromerzeugung über Gaskraftwerke ausgeglichen – was nur einer 50%igen Stromerzeugung über Wind und Sonne entspricht).

Wenn die Speicherung des Stroms oberhalb des mittleren Nutzungsgrades nicht komplett möglich ist und dieser bei Bedarf unterhalb des Mittelwertes nicht komplett eingespeist werden kann, ist also nicht einmal der ohnehin niedrige mittlere Nutzungsgrad (GW eff.) erreichbar.

Eine Abschiebung des nicht nutzbaren Stroms in Nachbarländer wird wegen der Stabilität der Stromnetze der Nachbarländer immer schwieriger (Bau von Phasenschiebern) und ist außerdem mit immer höheren Kosten verbunden (Stichwort negative Strompreise).

Errechnet man nun aus den installierten Leistungen der verschiedenen Stromerzeugungsverfahren die anfallenden Strommengen und geht davon aus, dass die erzeugten Strommengen von Wind und Solar wegen fehlender Speicher nur halb genutzt werden können, so ergeben sich z. B. für das Jahr 2050 folgende Stromerzeugungsanteile über die alternativen Energien (s. Anlage 3):

|                                                              | 2050                   |
|--------------------------------------------------------------|------------------------|
| ○ Anteil Stromerzeugung über die alternativen Verfahren (%)  | 38,3 (siehe auch Lit. 3) |
| ○ nur Wind und Solar (%)                                     | 14,7 (siehe auch Lit. 3) |

Durch Erreichen der Vorgaben der Energiewende 2010 / 2011 könnte unter der Voraussetzung genügender Speicherkapazitäten der $CO_2$-Gehalt der Atmosphäre von 0,039 Prozent bis zum Jahr 2050 um 0,000008 Prozent vermindert werden.

Wenn – wovon auszugehen ist – die unabdingbaren Stromspeicher nicht zur Verfügung stehen, können nur noch 38,3 Prozent des Stroms über alternative Energien beigesteuert werden und die Absenkung des $CO_2$-Gehaltes der Atmosphäre liegt nur noch bei 0,0000038 Prozent – ein kaum messbarer Betrag (Lit. 3).

Dieses Ergebnis der Stromerzeugung über alternative Energien weicht für das Jahr 2050 von der Zielsetzung der Energiewende 2010 / 2011 von mindestens 80 Prozent erschreckend ab, geschweige denn von den Vorstellungen diverser Parteien, Nichtregierungsorganisationen sowie der Kirchen. Es wird außerdem deutlich, dass die Stromerzeugung über die Sonstigen den wesentlichen Anteil an der Stromerzeugung über die alternativen Energien ausmacht, der aber nach den Überlegungen zur Energiewende im Jahr 2014 nun auch noch halbiert werden soll.

## 2.6 Überlegungen zur möglichen 100%igen Stromerzeugung über alternative Energien

Eine 100%ige Stromerzeugung über Wind plus Solar plus Sonstige ist – wie bereits ausgeführt – theoretisch nur möglich, wenn die Stromerzeugung oberhalb der mittleren Wind- und Solarnutzung gespeichert wird und in den Zeiten der Stromerzeugung unterhalb dieser mittleren Nutzung aus den Speichern wieder zugeführt wird . Dies wäre durch Pumpspeicherwerke grundsätzlich möglich.

Da der Bau einer ausreichenden Anzahl von Pumpspeicherwerken in Deutschland nicht umsetzbar ist, bleibt die Frage der Stromspeicherung im Ausland. Solche zu nutzen, ist aus den verschiedensten Gründen unrealistisch, da eine ausreichende Zahl von Pumpspeicherwerken nicht vorhanden ist – sie müssten noch gebaut werden und ab dem Jahr 2019 zur Verfügung stehen (die Bauzeit des Speichers Goldisthal betrug elf Jahre).

Eine höhere Stromerzeugung über die alternativen Energien kann dann nur noch über die Sonstigen erfolgen, die aber durch die in 2014 beschlossenen Änderungen der Energiewende 2010 / 2011 z. B. im Jahr 2050 etwa halbiert werden.

Auch eine Speicherung über Batterien oder Druckluftspeicher kann aus Gründen von Wirkungsgrad und Kosten nicht als Lösung angesehen werden.

Im September 2014 wurde in Schwerin Deutschlands größter Batteriespeicher in Betrieb genommen mit einer Leistung von 0,005 GW, der Ökostrom speichern soll und für eine sichere Integration in das Stromnetz sorgen soll. Er besteht aus 25000 Lithium-Ionen-Akkus. Das Projekt kostet 6 Millionen Euro (1,2 Mrd. Euro / GW).

Geht man davon aus, dass bereits im Jahr 2020 durch die alternativen Verfahren ein Stromüberangebot von 4 GW bestehen wird, das zwingend zum Gelingen der Energiewende gespeichert werden muss, so müssten bis dahin 800 solcher Batterien mit 20 Millionen Lithium-Ionen-Akkus zur Verfügung stehen, wenn keine anderen Speicher vorhanden sind.

Die Stromspeicherung über das sogenannte Power-to-Gas-Verfahren (Sabatier-Verfahren) scheitert ebenso am Wirkungsgrad wie an den Kosten (Lit. 1, 2).

Wenn das BMWi in seiner Ausgabe 15 / 2014 mitteilt, dass im Jahr 2015 in Mainz der Grundstein für ein Forschungsvorhaben zur Erzeugung von Wasserstoff aus erneuerbaren Energien (Überschussstrom) gestartet werden soll, der dann in das Erdgasnetz eingespeist werden soll, dann hätte das Ministerium vorab eine Analyse des Wirkungsgrades und der entstehenden Kosten vornehmen sollen. Außerdem kann Wasserstoff nicht unbegrenzt in das Erdgasnetz eingespeist werden (das betrifft z. B. die Haltbarkeit von Gasmotoren und -turbinen). So wird der mit der Energiewende 2010 / 2011 begonnene Aktionismus weitergeführt.


## 2.7 Erweiterung der Netzkapazität

Aus den bisherigen Auswertungen wird deutlich, dass durch die volatilen Stromquellen Wind und Sonne auch die Stromnetze entsprechend dimensioniert werden müssen.

So würde z. B. im Jahr 2050 bei konventioneller Stromerzeugung eine Auslegung der Netze von etwa 40 GW ausreichen, allein durch die Schwankungsbreite der Stromerzeugung über Wind und Sonne ist jedoch eine Auslegung bis etwa 100 GW erforderlich (vgl. Abb. 1; 60% Wind plus Solar plus Nutzung Sonstige«).

Diese gewaltige Erweiterung schließt nicht die dezentrale Stromerzeugung durch die alternativen Energien und den Transport zu den Netzknotenpunkten ein, von wo der Strom zu den Verbrauchszentralen geleitet werden muss.

## 2.8 Zusammenfassung

Basierend auf den Angaben zur Energiewende 2010/2011 wurden Überlegungen angestellt, ob die Ziele dieser Energiewende technisch erreichbar sind.

Durch das volatile Verhalten der Stromerzeugung über Wind und Sonne und die daraus resultierenden Folgen können die Ziele aus folgenden Gründen jedoch nicht eingehalten werden:

1. In naher Zukunft wird bei zunehmender Stromerzeugung über Wind und Sonne die Netzkapazität überschritten.
2. Ab 2019 – also in rund fünf Jahren – übersteigt das Stromangebot über Wind plus Sonne plus Sonstige (Biomasse, Wasser etc.) zunehmend den Strombedarf.
3. Um eine Stilllegung der Wind- und Solaranlagen zu vermeiden, müssen ab dem Jahr 2019 zunehmend Stromspeicher zur Verfügung stehen:

| | | 2030 | 2040 | 2050 |
|---|---|---|---|---|
| - zu speichernde Strommengen | (GWh/Tag) | 119 | 260 | 268 |
| - Anzahl Speicher für das tägliche Auffangen des Überschussstroms (Basis Goldisthalspeicher) | (n) | 14,2 | 31 | 31,9 |

4. Goldisthal ist das größte Pumpspeicherwerk Deutschlands, wurde in elf Jahren erbaut und hat eine Leistung von 1,05 GW, die es jeweils acht Stunden leisten kann (8,4 GWh).
5. Die zu speichernden Strommengen sind Mindestmengen und beziehen sich auf den jeweils höchsten Strombedarf, da unterhalb des

höchsten Strombedarfs durch die Überlagerung von stochastisch anfallender Stromerzeugung über Wind und Solar und stochastischem Strombedarf eine Quantifizierung der Überschussstrommenge nur schwer möglich ist. – Wie aber bereits die Gegenwart zeigt, sind diese im Bereich der stochastischen Überlagerung anfallenden Überschussstrommengen beträchtlich.

6. Um eine 14-tägige Windflaute mit wenig Sonnenschein im Winter überbrücken zu können, müssten in den Jahren 2030 bis 2050 folgende Strommengen über Erdgas oder im Voraus zu füllende Stromspeicher abgedeckt werden (die Energiewende 2010/2011 sieht eine ausschließliche Stromerzeugung nur noch über alternative Energien und Erdgas vor):

|  |  | 2030 | 2040 | 2050 |
|---|---|---|---|---|
| - über Erdgas abzudeckende Strommenge | (GWh) | 6350 | 7291 | 7493 |
| - erforderliche Anzahl von im Voraus zu füllender Speicher (Goldisthalgröße) | (n) | 756 | 868 | 892 |

7. Wenn diese Pumpspeicherwerke weder in Deutschland noch im Ausland ab 2019 zur Verfügung stehen – wovon auszugehen ist –, müssen die Wind- und Solaranlagen ab 2019 vermehrt stillgesetzt werden und es ist eine nur geringe Stromerzeugung über alternative Energien möglich:

|  |  | 2050 |
|---|---|---|
| - Anteil Stromerzeugung über alternative Energien (Wind plus Sonne plus Sonstige) | (%) | 38,3 |
| - nur über Wind und Sonne | (%) | 14,7 |

Dies ist eine erschreckende Abweichung von der Zielvorstellung von »mindestens 80 Prozent«.

8. Sollten bis 2050 ausreichend Stromspeicher zur Verfügung stehen, könnte der $CO_2$-Gehalt der Atmosphäre von 0,039 Prozent durch die deutsche Energiewende um 0,000008 Prozent vermindert werden. Sollte eine ausreichende Stromspeicherung nicht möglich

sein – wovon auszugehen ist –, kann der $CO_2$-Gehalt nur noch um 0,0000038 Prozent reduziert werden – ein kaum messbarer Betrag.

Diese nicht bezahlbare Energiewende zur Absenkung des $CO_2$-Gehaltes (Lit. 3) ist zudem vor dem Hintergrund zu sehen, dass aus thermodynamischen Gründen $CO_2$ die Erdatmosphäre kühlen muss und nicht erwärmen kann. Fakt ist, dass die Temperatur seit der kleinen Eiszeit im 19. Jahrhundert ansteigt – auch ohne anthropogenen $CO_2$-Ausstoß – und dass seit 17 Jahren kein weiterer Temperaturanstieg trotz zunehmender $CO_2$-Konzentration stattfindet (vgl. Kapitel 5).

9. Andere Speicherverfahren wie Batterien, Druckluftspeicher, Power to Gas (Sabatier-Verfahren) sowie $H_2$-Herstellung zur Aufnahme von Strom aus alternativen Verfahren scheitern am Wirkungsgrad sowie an den Kosten.

    Der im September 2014 in Betrieb genommene größte deutsche Batteriespeicher hat eine Leistung von 0,005 GW und kostet sechs Millionen Euro (1,2 Milliarden Euro/GW).

10. Es ist geradezu absurd, wenn zurzeit die für das Gelingen dieser Energiewende unabdingbaren Pumpspeicherwerke vermehrt geschlossen werden müssen durch die Einspeisung eines durch das EEG kostenfreien und bevorzugt abzunehmenden Stroms aus alternativen Energien, der zwangsläufig auch zur Schließung aller anderen Stromerzeugungsverfahren führen muss.

11. Durch das volatile Verhalten der Stromquellen Wind und Sonne müssen die Stromnetze bis zum Jahr 2050 mindestens um den Faktor 2,5 größer ausgelegt werden. Diese Erweiterung schließt nicht die dezentrale Stromerzeugung durch die alternativen Energien und deren Transport zu den Netzknotenpunkten ein, von wo der Strom zu den Verbrauchszentren geleitet werden muss.

12. Im Gegensatz zur Energiewende 2014 liegt die konventionelle Stromerzeugung im Jahr 2050 mit 40 GW in einem Bereich, in dem bei unzureichender Stromerzeugung über Wind und Solar ein Stromerzeugungsausgleich über die konventionellen Stromerzeuger möglich wäre (»Kapazitätsmarkt«). Außerdem wäre eine ausreichende kinetische Energie in den rotierenden Massen der konventionellen Kraftwerke für den Fall eines möglichen Netzeinbruches im Gegensatz zum Plan der Energiewende 2014 vorhanden (vgl. Kapitel 4).

# 3. Energiewende 2014 – ein Debakel

## 3.1. Aufgabenstellung

In Kapitel 2 dieser Ausarbeitung wurde unter den Bedingungen der Energiewende 2010 / 2011 im Wesentlichen herausgearbeitet, dass ab dem Jahr 2019 vermehrt Stromspeicher zum Gelingen dieser Energiewende vorhanden sein müssen, um eine Stilllegung der volatilen Stromerzeuger Wind und Solar zu vermeiden: im Jahr 2030 14, im Jahr 2050 32 Stromspeicher, jeweils bezogen auf die Goldisthalgröße.

Nun sind mit der Energiewende 2014 z.T. massive Änderungen vorgenommen worden, die erhebliche Auswirkungen im Hinblick auf das grundsätzliche Gelingen derselben durch die vermehrte Notwendigkeit von Stromspeichern und die damit mögliche Nutzung der alternativen Energien haben werden.

## 3.2 Erneuerbare-Energien-Gesetz 2014 – ein unzulänglicher Plan (Lit. 8)

Die wesentlichen Änderungen im o. g. Gesetz, das am 1. August 2014 in Kraft trat, sind die folgenden:

1. Erhöhung des Anteils des Stroms aus erneuerbaren Energien
   - bis 2025 auf 40–45 Prozent
   - bis 2035 auf 55–60 Prozent
   - bis 2050 auf 80 Prozent
2. Mengenziele für den Zubau
   - Solarenergie: jährlicher Zubau von 2,5 GW (brutto)
   - Windenergie an Land: jährlicher Zubau von 2,5 GW (netto)
   - Windenergie auf See: Installation von 6,5 GW bis 2020 und 15 GW bis 2030
   - Biomasse: jährlicher Zubau von ca. 100 MW (brutto)
3. Angaben über die Stromerzeugung der konventionellen Stromerzeuger werden nicht gemacht.
4. Aussagen zur Entwicklung der Stromerzeugung bis 2050 fehlen ebenso.
5. Fördersätze:
   - zurzeit rund 0,17 Euro / kWh

- ab 2015: rund 0,12 Euro / kWh
- Spätestens ab 2017 soll die Förderhöhe der erneuerbaren Energien über Ausschreibungen bestimmt werden.
6. Pflicht zur Direktvermarktung
  - ab 1. August 2014: für alle Anlagen ab einer Leistung von 500 KW
  - ab 1. Januar 2016: für alle Anlagen ab einer Leistung von 100 KW

Das novellierte Erneuerbare-Energien-Gesetz (EEG) muss wegen Vorgaben der EU bald überarbeitet werden, voraussichtlich im übernächsten Jahr. Brüssel verlangt, dass ab 2017 die Förderung der auf 20 Jahre garantierten Einspeisevergütung abgeschafft und durch ein Ausschreibungsverfahren ersetzt wird (s. o.). Der Staat würde den Ankauf einer bestimmten Menge Ökostrom anbieten und die günstigsten Bieter kämen zum Zuge. Details fehlen noch. Das deutsche Fördersystem müsse schrittweise in das europäische Umfeld integriert werden. Ähnliches gilt für die »Kapazitätsmärkte«.

## 3.3 Diskussion der Energiewende 2014 bei einer Halbierung der Stromerzeugung bis 2050 (vgl. Energiewende 2010 / 2011)

Abweichend von der Energiewende 2010 / 2011, in der stets Stromerzeugungskapazitäten für Kernkraft, fossile Kraftstoffe, Wind, Solar und Sonstige für die einzelnen Jahre sowie eine Halbierung der Stromerzeugung bis 2050 vorgegeben wurden, werden für die Energiewende 2014 nur Angaben zum Anteil der alternativen Energien an der Stromerzeugung bestimmt wie

- Anteil des Stroms aus erneuerbaren Energien in 2025: 40–45 Prozent
- Anteil des Stroms aus erneuerbaren Energien in 2035: 55–60 Prozent
- Anteil des Stroms aus erneuerbaren Energien in 2050: 80 Prozent

als auch Mengenziele für den Zubau von
- Solarenergie mit 2,5 GW (brutto) / a
- Windenergie mit 2,5 GW (netto) / a
- Windenergie auf See mit 6,5 GW bis 2020 und 15 GW bis 2030

In Ermangelung von Angaben zur Stromerzeugung bis 2050 wird im Folgenden im ersten Ansatz davon ausgegangen, dass die Stromerzeugung bis 2050 analog zur Energiewende 2010/2011 halbiert wird.

Zunächst wurden aber die Stromerzeugungskapazitäten über die alternativen Energien nach den Vorgaben der Energiewende 2014 – soweit dies möglich war – bis 2050 errechnet:

| | Solar | Wind Land | Wind See | Sonstige | Summe |
| --- | --- | --- | --- | --- | --- |
| | GW | GW | GW | GW | GW |
| Stand 2013 | 35 | 33 | | 10 | 78 |
| Zuwachs bis 2030 | 40 | 40 | 21,5 | 1,5 | 103 |
| Stand 2030 | 75 | 94,5 | | 11,7 | 181 |
| Zuwachs 2030 bis 2050 | 50 | 50 | ? | 2,0 | 102 |
| Stand 2050 | 125 | 144,5 | | 13,5 | 283 |

(ohne Wind See 2030–2050)

In Abschnitt 3.7 wird der vorgesehene Zubau an den alternativen Energien näher diskutiert.

Um nun eine kritische Betrachtung dieser Energiewende 2014 für den Fall der halbierten Stromerzeugung bis 2050 vornehmen zu können, wurden daher von den vorhandenen Stromerzeugungsdaten über die alternativen Energien von 2013 ausgehend die erforderlichen Stromerzeugungskapazitäten durch alternative Energien für einen Stromanteil von 45 Prozent in 2025, 60 Prozent in 2035 und 80 Prozent in 2050 hochgerechnet.

Dies geschah unter folgenden Prämissen:

1. Die Stromerzeugung nimmt bis 2050 um 50 Prozent ab.
2. Die Biomasse wird jährlich um 0,100 GW ausgebaut.
3. Es wurde ein Verhältnis von Wind offshore zu onshore von 1:1 angesetzt, da vermehrt Offshore-Anlagen gebaut werden sollen. Da die Windnutzung an Land selbst in küstennahen Gegenden unter 20 Prozent liegt und von den Offshore-Anlagen eine Nutzung von

gut 30 Prozent erwartet wird (wovon sie zurzeit noch weit entfernt sind), wird eine mittlere Windnutzung von 25 Prozent angesetzt.

4. Das Verhältnis Wind/Solar wurde wie im Jahr 2013 angenommen, auch wenn der vorgesehene erhöhte Zubau von Wind-Offshore-Anlagen den zurzeit noch vorhandenen Vorsprung des Anteils der Solaranlagen aufzehren sollte, was aber für die generelle Aussage dieser Ausarbeitung unerheblich ist.

5. Der Anteil des konventionellen Stromanteils wurde aus der vorgegebenen jährlichen Stromerzeugung abzüglich des vorgegebenen Stromanteils über die alternativen Stromerzeuger errechnet. Der Nutzungsgrad wurde mit 90 Prozent angesetzt.

Der Weg dieser Rechnungen ist in den Anlagen 4 und 5 aufgezeigt und die Ergebnisse sind grafisch in Abbildung 11 dargestellt.

Im Gegensatz zu Abbildung 1 (Energiewende 2010/2011) muss durch die Vorgabe der Absenkung der Stromerzeugung bis zum Jahr 2050 und die Verknüpfung der Stromerzeugung mit dem Erzeugungsanteil über die alternativen Stromerzeuger die Stromerzeugungskapazität etwa ab dem Jahr 2035 abfallen.

Bemerkenswert ist die stark abnehmende verbleibende Stromerzeugungskapazität für die konventionelle Stromerzeugung im Jahr 2050 von nur noch 7,6 GW mit all den damit verbundenen Gefahren für die Stromversorgungssicherheit (s. Anlage 5; Abb. 11; vgl. Kapitel 4).

Im Gegensatz zur Energiewende 2010/2011 sind die geringen Stromkapazitäten über die konventionellen Stromerzeuger nicht in der Lage, das mögliche gegen 0 GW gehende Stromangebot über die Stromquellen Wind und Sonne auszugleichen (Differenz aus oberem Strombedarf und Stromangebot aus Sonstigen).

Auch nach dem Plan der Energiewende 2014 wird bei einer Halbierung der Erzeugung bis 2050 das frühe Erfordernis von Energiespeichern zum Speichern der Überschussstrommengen (Schnittpunkt 60-Prozent-Linie Wind plus Solar sowie Sonstige (genutzt) mit oberer Strombedarfslinie) ab 2018 zum Gelingen der Energiewende nachgewiesen.

Hier sei noch einmal an die Aussage in Kapitel 2 erinnert, dass der oberhalb der mittleren Nutzung von Wind und Sonne anfallende Strom gespeichert werden muss, um ihn in Zeiten des Stromangebotes unter-

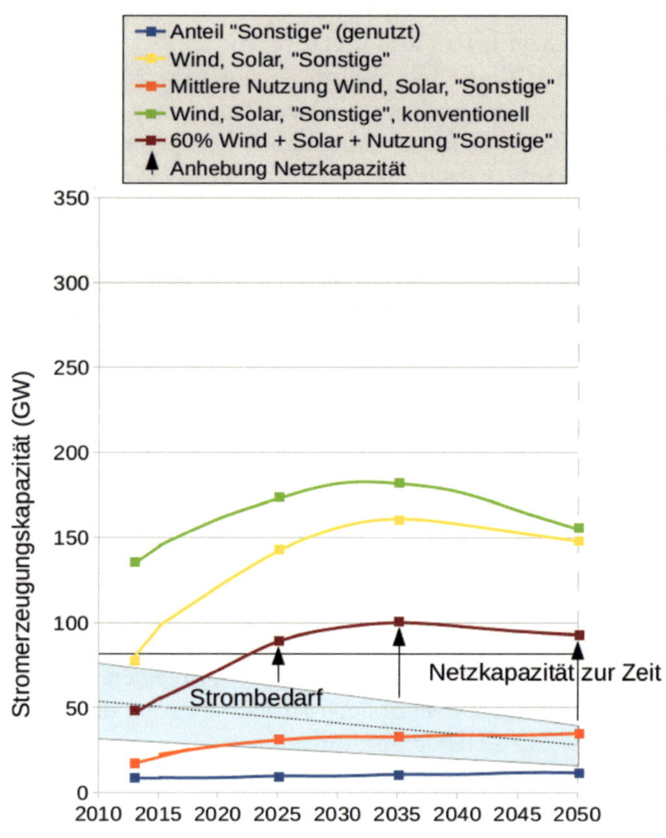


Abb. 11: Stromerzeugungskapazität gemäß Energiewende 2014 bei halbierter Stromerzeugung bis 2050

halb der mittleren Nutzung wieder einzuspeisen. Ist eine solche Speicherung nicht möglich, verbleibt nur die Schließung der Leistungslücken unterhalb des mittleren Nutzungsgrades durch Gas mit der Folge, dass die Wind- und Solaranlagen stillgesetzt werden müssen (Abb. 7).

Im Jahr 2050 müssten die Anlagen dann knapp hälftig stehen (der mittlere Nutzungsgrad liegt knapp unter der oberen Strombedarfslinie), wenn die Betrachtung ausschließlich auf die obere Strombedarfslinie bezogen wird.

34

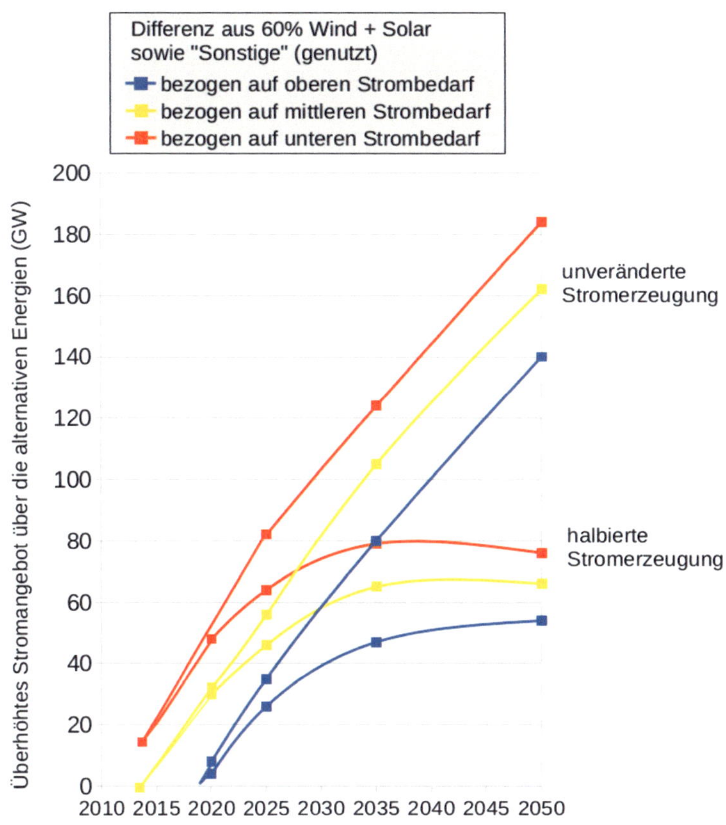



Abb. 12: Darstellung des überhöhten Stromangebots über die alternativen Energien, gemessen am Strombedarf gemäß Energiewende 2014

Durch das niedrigere Stromangebot über die Sonstigen nach dem Plan der Energiewende 2014 liegt die mittlere Nutzung der erneuerbaren Energien meist niedriger als nach dem Plan der Energiewende 2010/2011, sodass das überhöhte Stromangebot zwischen der 60-Prozent-Linie Wind plus Solar sowie Sonstige (genutzt) und dem oberen Strombedarf niedriger ausfällt (Abb. 9 und 12).

Abbildung 12 enthält auch die Abstände zu den mittleren und unteren Strombedarfslinien. Auf die Bedeutung dieser Abstände (Überlagerung

35

von stochastischem Verlauf von Strombedarf und stochastischem Verlauf der Stromerzeugung über die alternativen Energien) wurde bereits in Kapitel 2 eingegangen, sie soll hier nicht weiter diskutiert werden.

Da die Linie der mittleren Nutzung der erneuerbaren Energien im Jahr 2050 nur knapp unterhalb der oberen Strombedarfslinie liegt, kann der zu speichernde Überschussstrom hier leicht abgeschätzt werden:

|  |  | 2050 |
|---|---|---|
| 1. Installation Wind plus Solar (Anlage 2) | (GW) | 134 |
| 2. mittlere nutzbare Leistung Wind plus Solar (Anlage 2) | (GW eff.) | 23,2 |
| 3. täglich anfallende zu speichernde Strommenge $\dfrac{\text{GW eff. x 24h}}{2}$ | (GWh) | 278 |
| 4. Anzahl Speicher für das tägliche Auffangen des Überschussstroms (Basis Goldisthal) $\dfrac{\text{Spalte 3}}{8,4}$ | (n) | 33,1 |

Es wurde auf eine Korrektur der Tatsache verzichtet, dass in 2050 die mittlere Nutzung der alternativen Verfahren knapp unterhalb der oberen Strombedarfslinie liegt.

Erwartungsgemäß liegen die Zahlen des zu speichernden Stroms ähnlich wie bei der Diskussion der Energiewende 2010 / 2011.

Im Folgenden wird auf eine weitere Diskussion der Energiewende 2014 mit einer halbierten Stromerzeugung bis 2050 verzichtet, da nach allen Expertenaussagen der Stromverbrauch bis 2050 eher ansteigen wird, zumal auch noch eine nicht unbeträchtliche Strommenge für Elektroautos erforderlich sein könnte.

In Abbildung 13 wurden schließlich auch die in der Energiewende 2014 vorgegebenen Mengenziele für den Zubau der alternativen Energien einschließlich ihrer mittleren Nutzung eingetragen. Letztere wurde für die Jahre 2030 und 2050 wie folgt errechnet:

|  | 2030 | 2030 | 2050 | 2050 |
| --- | --- | --- | --- | --- |
|  | GW install. | GW genutzt | GW install. | GW genutzt |
| Wind (Nutzung 25%) | 94,5 | 23,6 | 144,5 | 36,1 |
| Solar (Nutzung 10%) | 75 | 7,5 | 125 | 12,5 |
| Sonstige (Nutzung 90%) | 11,5 | 10,4 | 13,5 | 12,2 |
|  | 181 | 41,5 | 283,0 | 60,8 |

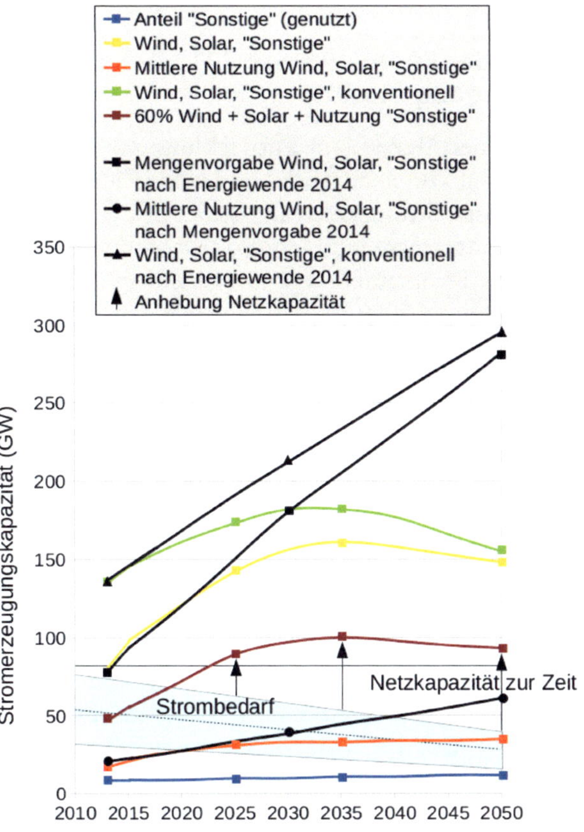


Abb. 13: Wie Abb. 11, einschließlich Stromerzeugungskapazität gemäß Energiewende 2014 auf der Basis des Zubaus der alternativen Energien

Der Zeitraum bis 2050 beinhaltet noch nicht den Anteil der Offshore-Windanlagen zwischen 2030 und 2050.

Aus der bis 2050 ersichtlichen Zunahme der alternativen Energien sowie ihrem üppigen Überangebot an Strom gemessen an der Energiewende 2014 mit halbierter Stromerzeugung (ersichtlich aus dem Abstand der mittleren Nutzung der alternativen Energien und dem oberen Strombedarf) wird schnell deutlich, dass von einer Halbierung der Stromerzeugung bis 2050 in der Energiewende 2014 nicht wieder ausgegangen wird.

Diese Ergebnisse werden in Abschnitt 3.7 weiter diskutiert.

## 3.4 Diskussion der Energiewende 2014 bei gleichbleibender Stromerzeugung bis 2050

In Ermangelung einer Aussage zur Entwicklung der Stromerzeugung bis zum Jahr 2050 in den Vorgaben der Energiewende 2014 wurden auch hier von den vorhandenen Stromerzeugungsdaten des Jahrs 2013 ausgehend die erforderlichen Stromerzeugungskapazitäten durch die alternativen Energien für einen Stromanteil von 45 Prozent in 2025, 60 Prozent in 2035 und 80 Prozent in 2050 bei gleichbleibender Stromerzeugung bis 2050 errechnet (Anlagen 4, 5). Die Prämissen sind – von der Stromerzeugung abgesehen – die gleichen wie in Abschnitt 3.3.

Die Ergebnisse sind in Abbildung 14 grafisch dargestellt.

Auch hier schneidet die 60-Prozent-Linie Wind plus Solar sowie Sonstige (genutzt) die obere Strombedarfslinie im Jahr 2018, d. h., es fällt ab diesem Jahr durch die alternativen Energien vermehrt Überschussstrom an, der zum Gelingen der Energiewende 2014 zwingend gespeichert werden muss – oder die Wind- und Solaranlagen müssen stillgesetzt werden.

Der gewaltig zunehmende Abstand der 60-Prozent-Linie Wind plus Solar sowie Sonstige (genutzt) zur oberen Strombedarfslinie steigt über 38 GW in 2025 und 81 GW in 2035 auf 139 GW in 2050 an, siehe Abbildung 12; diese stellt auch die Abstände zur mittleren und unteren Strombedarfslinie dar.

Aus den Abständen der 60-Prozent-Linie Wind plus Solar sowie Sonstige zur oberen Strombedarfslinie lassen sich nun mithilfe von Abbildung 14 die zu speichernden Strommengen abgreifen (Anlage 6; vgl. Kapitel 2.3):

|                                                  |          | 2025 | 2035 | 2050 |
|--------------------------------------------------|----------|------|------|------|
| - zu speichernde tägliche Strommengen            | (GWh/Tag)| 47   | 351  | 726  |
| - erforderliche Anzahl Speicher der Goldisthalgröße | (n)   | 5,6  | 42   | 86   |

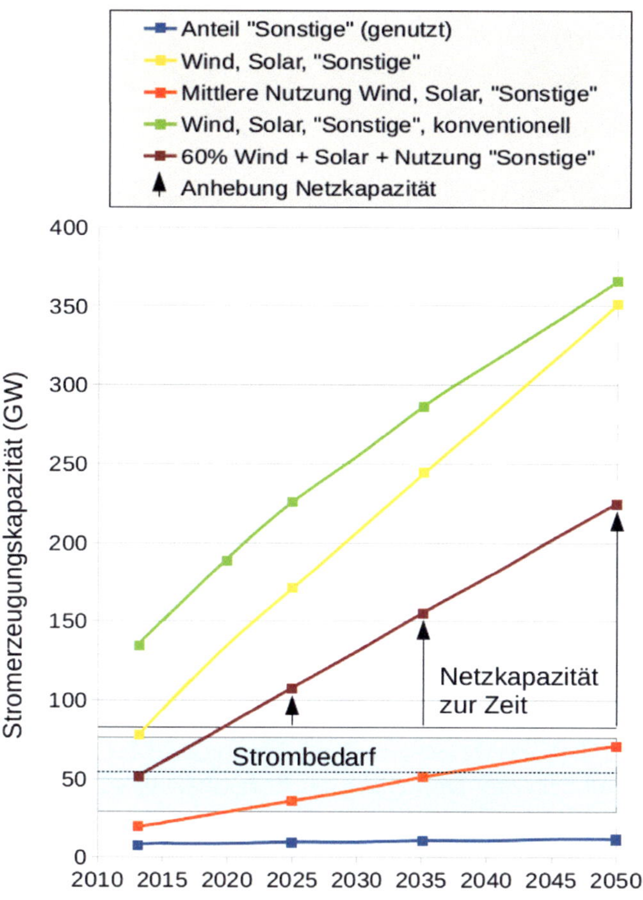


Abb. 14: Stromerzeugungskapazität gemäß Energiewende 2014 bei gleichbleibender Stromerzeugung bis 2050

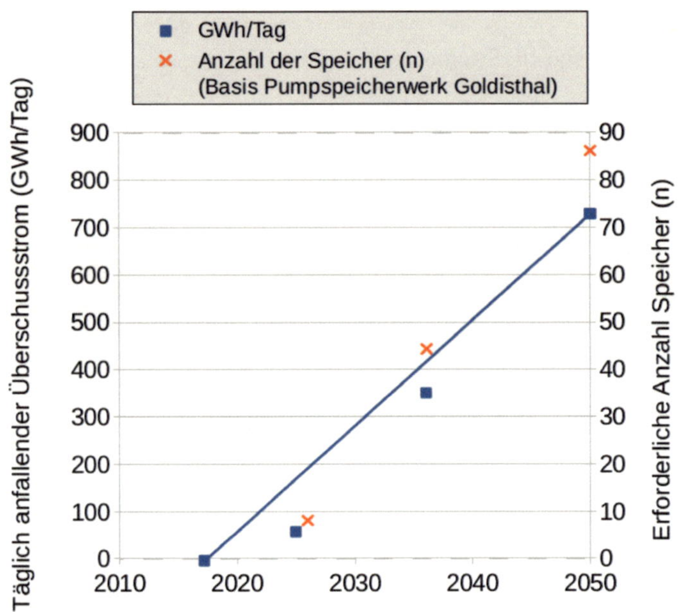


Abb. 15: Zu speichernde Strommenge sowie erforderliche Stromspeicher als Grundvoraussetzung für das Gelingen der Energiewende 2014

➡ Damit müsste im Jahr 2050 fast die Hälfte des täglichen Strombedarfes gespeichert werden!

Stehen bis 2050 diese Stromspeicher nicht zur Verfügung, so ist im Sinne von Abbildung 7 die folgende Erdgasmenge aufzubringen:

726GWh/Tag x 365 Tage = 264900 GWh/a.

Bei einem Erdgasverbrauch von zur Zeit etwa 945000 GWh/a wird Deutschland bei einer Deckelung des Erdgasbezugs aus den Niederlanden und Norwegen und damit zusätzlich erforderlichem Bezug aus Russland erpressbar.

Da sich die mittlere Nutzung von Wind plus Solar plus Sonstige im Jahr 2050 mit der oberen Strombedarfslinie fast schneidet und da die Leistung unterhalb der mittleren Nutzungslinie Wind plus Solar genauso hoch liegen muss wie die unterhalb dieser Linie (vgl. Kapitel 2), kann die zu speichernde Strommenge rechnerisch abgeschätzt werden, auch wenn in 2050 die mittlere Nutzung der alternativen Energien ebenfalls leicht unterhalb der oberen Strombedarfslinie liegt:

| | | |
|---|---|---|
| Installation Wind plus Solar<br>(Anlage 4) | (GW) | 338 |
| mittlere nutzbare Leistung Wind plus Solar<br>(Anlage 5) | (GW eff.) | 58,5 |
| täglich anfallende zu speichernde Strommengen<br>$\frac{\text{GW eff. x 24h}}{2}$ | (GWh / a) | 702 |

Die Ergebnisse aus Anlage 6 stimmen damit ausreichend genau mit dieser Rechnung überein.

Bei diesen geradezu erschreckenden Ergebnissen wird auf eine Diskussion der mittleren und unteren Strombedarfslinien auch hier verzichtet, da sie zu noch höheren zu speichernden Strommengen führen würde (vgl. Kapitel 2).

Zwangsläufig muss auch im gegebenen Fall bei gleichbleibender Stromerzeugung der Anteil der konventionellen Stromerzeugung an der Gesamtstromerzeugung z. B. im Jahr 2050 stark zurückgehen mit all den damit einhergehenden Gefahren für eine sichere Stromerzeugung (Abb. 14; vgl. auch Kapitel 4). Die insgesamt zu installierende Stromerzeugungskapazität liegt in 2050 bei rund 365 GW, nur über die alternativen Energien damit bei rund 350 GW – ein abenteuerliches Unterfangen.

⇨ Damit ist der Stromerzeugungsausgleich durch fossile Kraftwerke bei unzureichender Stromerzeugung über die volatile Stromerzeugung Wind und Solar (»Kapazitätsmarkt«) nicht möglich, d. h. der Stromausgleich muss zwingend über Stromspeicher erfolgen.

Eine höhere Stromerzeugung über konventionelle Verfahren wäre somit bilanzmäßig nur möglich, wenn die gesamte Stromerzeugung aufgestockt würde, was aber dann nicht mehr mit der Vorgabe des Anteils der alternativen Energien an der Stromerzeugung korrespondieren würde.

In Abbildung 16 sind die in der Energiewende 2014 vorgegebenen Mengenziele für den Zubau der alternativen Energien einschließlich ihrer mittleren Nutzung dargestellt. Aus ihrem Verlauf kann abgeschätzt werden, dass bei der Konzipierung der Energiewende 2014 kaum von einer Abnahme der jährlichen Stromerzeugung bis 2050 ausgegangen worden ist, wenn auch eine exakte Vorgabe der Stromerzeugung bis 2050 sowie Angaben zum Anteil der konventionellen Stromerzeuger fehlen. Hierauf wird in Abschnitt 3.7 näher eingegangen.

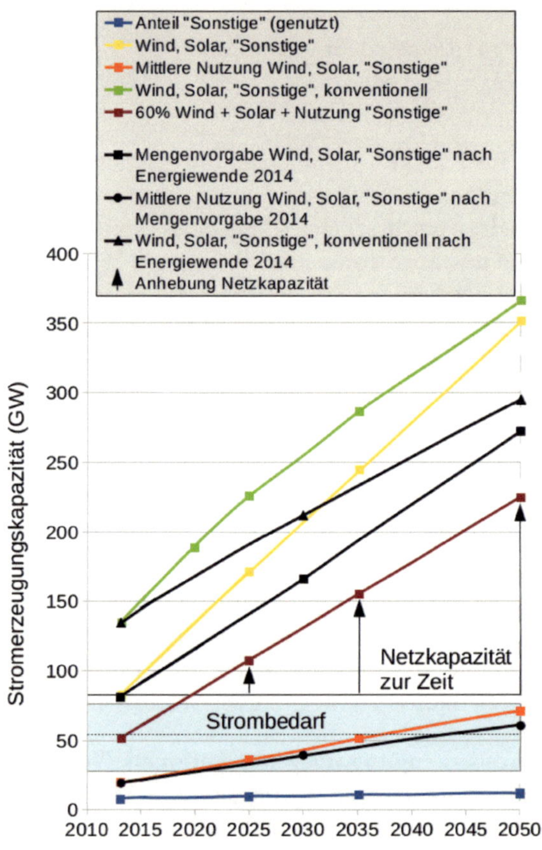


Abb. 16: Wie Abb. 14, einschließlich Stromerzeugungskapazität gemäß Energiewende 2014 auf der Basis des Zubaus der alternativen Energien

Nun könnte noch – wie in Kapitel 2 – die Frage diskutiert werden, wie viel Speicherkapazität zur Abdeckung einer 14-tägigen Windflaute mit wenig Sonnenschein im Winter erforderlich wäre. Hierauf wird jedoch verzichtet, da das Desaster dieser Energiewende schon mit den obigen Auswertungen hinreichend aufgezeigt wurde.

⇨ Am Ende dieses Kapitels bleibt festzuhalten, dass der Betrieb mit den alternativen Stromerzeugern zwingend mit Stromspeichern verknüpft sein muss. Das bedeutet aber auch, dass bei einer kostenmäßigen Betrachtung der Stromerzeugung über Wind und Solar verursachungsgerecht stets die Kosten für die Stromspeicherung mit einzubeziehen sind – im Gegensatz zu konventionellen Stromerzeugern.

Es ist, wie bereits erwähnt, geradezu absurd, wenn zurzeit die für das Gelingen dieser Energiewende unabdingbaren Pumpspeicherwerke vermehrt geschlossen werden müssen durch die Einspeisung eines durch das EEG kostenfreien und bevorzugt abzunehmenden Stroms aus alternativen Energien, der zwangsläufig auch zur Schließung aller anderen (konventionellen) Stromerzeugungsverfahren führen muss.

## 3.5 Erforderlicher Flächenbedarf für die alternativen Energien bei gleichbleibender Stromerzeugung bis 2050

Setzt man den Flächenbedarf für eine 5-MW-Windanlage mit 0,5 km², Solarstrom mit 100 km²/GW sowie die Sonstigen (im Wesentlichen Biomasse) mit 4000 km²/GW an (vgl. Lit. 3), so steigt die erforderliche Fläche für die alternativen Energien über 61000 in 2025 auf 87800 km² in 2050 an (Anlage 7).

Nordrhein-Westfalen hat eine Gesamtfläche von 34000 km², wovon 49 Prozent landwirtschaftlich genutzt werden. 2050 würde nach dem Plan der Energiewende 2014 nur für die Stromerzeugung über Wind und Solar die Gesamtfläche von NRW erforderlich sein.

Bezogen auf Deutschland (357000 km²) entsprechen 87800 km² 25 Prozent der Gesamtfläche, die für die Stromerzeugung über die alternativen Energien bereitgestellt werden müssten.

## 3.6 Erforderliche Erweiterung der Netzkapazität

Durch das volatile Verhalten von Wind und Sonne müssen auch die Stromnetze entsprechend dimensioniert werden. Das notwendige Ausmaß der Erweiterung kann abgeschätzt werden aus dem Abstand der 60-Prozent-Linie Wind plus Solar sowie Sonstige (genutzt) zur oberen Strombedarfslinie. Im Falle der Halbierung der Stromerzeugung (vgl. Abschnitt 3.3) könnte die Netzkapazität entsprechend der oberen Strombedarfslinie abgesenkt werden (im Jahr 2050 z.B. auf 38 GW). Durch den Anstieg der 60-Prozent-Linie Wind plus Solar sowie Sonstige (genutzt) muss jedoch bis zum Jahr 2050 die Netzkapazität anstelle der möglichen Absenkung auf 38 GW eine Anhebung auf 92 GW erfolgen.

Im Falle der gleichbleibenden Stromerzeugung bis 2050 (Abschnitt 3.4) erreicht die notwendige Erweiterung der Netzkapazität noch größere Ausmaße (Abb. 14). Auch hier ist schon früh eine Erweiterung der Netzkapazität erforderlich, die über rund 38 GW im Jahr 2025 und rund 81 GW in 2035 auf rund 139 GW in 2050 aufgestockt werden muss. Das entspräche 2050 einer Gesamtnetzkapazität von 219 GW.

Diese gewaltige Erweiterung schließt nicht den dezentral erzeugten Strom und dessen Transport an die großen Netzknotenpunkte ein, von wo aus der Strom in großen Mengen an die Verbrauchszentralen geleitet wird.

## 3.7 Abschätzung der zu speichernden Strommenge im Jahr 2050 auf der Basis von Zubau an alternativen Energien und ihrem prozentualen Anteil an der Gesamtstromerzeugung nach dem unzulänglichen Plan der Energiewende 2014

Zum Schluss soll nun aus den Angaben zum Zubau von alternativen Energien bis zum Jahr 2050 und den prozentualen Vorgaben der alternativen Energien an der Gesamtstromerzeugung die Gesamtstromerzeugung bis zum Jahr 2050 abgeschätzt werden.

Der Weg der Rechnung ist in Anlage 8 beschrieben.

Unter Aufstockung eines für die Zeit von 2030 bis 2050 noch fehlenden Anteils für die Stromerzeugung auf See lässt sich eine Stromerzeugung von rund 500000 GWh/a abschätzen, wobei die nicht ausreichende Konsistenz der Daten – siehe z.B. die errechnete Gesamtstromerzeugung 2030 und 2050 – sichtbar wird.

Rechnet man die obere Strombedarfslinie um die verminderte Strom-erzeugung (600000 auf 500000 GWh/a) herunter (76 x 5 : 6 = 63,3 GW), so liegt die mittlere Nutzung der alternativen Energien mit 66,1 GW eff. im Jahr 2050 deutlich oberhalb der oberen Strombedarfslinie (Spalte 4d, Anlage 8). (Ein Vergleich dieser Daten mit denen bei gleichbleibender Stromerzeugung ist in Abbildung 16 dargestellt).

Das bedeutet für das Jahr 2050 eine zu speichernde Strommenge von mindestens:

|  |  | 2050 |
|---|---|---|
| - mittlere nutzbare Leistung Wind und Solar (Anlage 8, Punkt 3) | (GW eff.) | 53,9 |
| - täglich anfallende zu speichernde Strommenge $\dfrac{\text{GW eff. x 24h}}{2}$ | (GWh) | 647 |
| - erforderliche Anzahl Speicher der Goldisthalgröße | (n) | 77 |

Es wurde auf eine Korrektur der Tatsache verzichtet, dass die mittlere Nutzung der alternativen Energien deutlich oberhalb der oberen Strombedarfslinie liegt.

Erwartungsgemäß ordnet sich die täglich zu speichernde Strommenge mit 647 GWh durch die niedrigere jährliche Stromerzeugung unterhalb des Werts von 702 GWh/Tag bei gleichbleibender Stromerzeugung ein.

Das Ergebnis reiht sich damit zufriedenstellend in die Aussagen von Abschnitt 3.4 ein.

## 3.8 Mögliche quantitative Stromerzeugung über die alternativen Energien auf der Basis der Energiewende 2014 ohne Stromspeicher

Im Rahmen der Diskussion der Energiewende 2010/2011 (Kapitel 2) war herausgearbeitet worden, dass im Falle einer Nichtspeicherung des Überschussstroms der Anteil der alternativen Energien an der Gesamtstromerzeugung im Jahr 2050 nicht über 38,3 Prozent – bezogen nur auf Wind und Solar nicht über 14,7 Prozent – angehoben werden kann (vgl. auch Lit. 3).

Die gleichen Überlegungen wurden nun auch
a)  für die Energiewende 2014 bei gleicher Stromerzeugung bis 2050 (Abschnitt 3.4)
b)  auf der Basis der abgeschätzten Stromerzeugung über den Zubau an alternativen Energien und dem prozentualen Anteil an der Stromerzeugung (Abschnitt 3.7) angestellt.

Die Auswertungen fußen auf der Aussage, dass eine volle Nutzung der volatilen Stromerzeuger Wind und Sonne nur möglich ist, wenn die über dem mittleren Nutzungsgrad anfallenden Strommengen gespeichert werden und bei Bedarf unterhalb des mittleren Nutzungsgrads wieder eingespeist werden können (Abb. 7; Kapitel 2).

Ist dies nicht möglich, müssen die Wind- und Solaranlagen ab 2018 vermehrt stillgesetzt werden, im Jahr 2050 etwa zu 50 Prozent (diese Betrachtung bezieht sich nur auf die Diskussion der oberen Strombedarfslinie, vgl. oben). Eine Abschiebung des Überschussstroms in Nachbarländer scheidet bei diesen Mengen ohnehin aus (vgl. Kapitel 2).

Die Ergebnisse der Auswertung sind in den Anlagen 9 und 10 zusammengestellt. Hier die wichtigsten Ergebnisse:

Fall a) 2050

| | | |
|---|---|---|
| - Anteil Stromerzeugung über alternative Energien | (%) | 46,9 |
| - nur Wind und Solar | (%) | 33,1 |

Fall b) 2050

| | | |
|---|---|---|
| - Anteil Stromerzeugung über alternative Energien | (%) | 49,1<br>(48,3) |
| - nur Wind und Solar | (%) | 30,8<br>(31,7) |

Bei den Werten in Klammern wurde der Zuwachs Wind offshore in den Jahren 2030–2050 wie in den Jahren 2013–2030 angesetzt (+ 21,5 GW), über die bisher im Rahmen der Energiewende 2014 noch nicht entschieden wurde.

Aus den Ergebnissen wird deutlich, dass sich die Werte für Fall b) bei nicht konsistenten Daten der Energiewende 2014 zufriedenstellend in die Werte des Falls a) einordnen.

Das Ergebnis der Stromerzeugung über den möglichen Anteil der alternativen Energien an der Gesamtstromerzeugung weicht auch hier bei fehlenden Speichern erschreckend von der Wunschvorstellung von mindestens 80 Prozent ab, geschweige denn von den Vorstellungen diverser Parteien, Nichtregierungsorganisationen sowie der evangelischen Kirche.

## 3.9 Zusammenfassung

Basierend auf den Angaben zur Energiewende 2014 wurde in gleicher Weise wie im Falle der Energiewende 2010 / 2011 die Frage diskutiert, ob die Ziele ersterer unter den gemachten Vorgaben erreicht werden können. Da Angaben insbesondere zur jährlichen Stromerzeugung fehlen, wurden zunächst zwei Fälle diskutiert:

I.  die Halbierung der Stromerzeugung bis zum Jahr 2050 (wie Energiewende 2010 / 2011)
II.  eine gleichbleibende Stromerzeugung bis 2050, da die Wissenschaft eher von einem Anstieg des Stromverbrauches ausgeht

Da die Energiewende 2014 die Anteile der alternativen Energien an der Stromerzeugung für die Jahre 2025 (40–45%), 2035 (55–60%) und 2050 (80%) vorgibt, mussten zunächst in Ermangelung einer klaren Vorgabe der verschiedenen Stromerzeugungskapazitäten (z. B. Anteil der konventionellen Verfahren) von den Stromerzeugungsdaten durch die alternativen Energien des Jahrs 2013 ausgehend die Erzeugungsstrukturen der Jahre 2025, 2035 und 2080 hochgerechnet werden.

**Ergebnisse Fall I: Halbierte Stromerzeugung bis 2050**
Die Ergebnisse sind ähnlich wie die der Energiewende 2010 / 2011 mit bis 2050 halbierter Erzeugung.

1.  In naher Zukunft wird die Netzkapazität überschritten.
2.  Ab 2018 übersteigt das Stromangebot über Wind plus Sonne sowie Sonstige zunehmend den Strombedarf.

3. Um eine Stilllegung der Wind- und Solaranlagen zu vermeiden, müssen ab dem Jahr 2018 – also in drei Jahren – zunehmend Stromspeicher zur Verfügung stehen, in ähnlicher Größenordnung wie in Kapitel 2 dargelegt.
4. Die Kapazitäten über die konventionellen Stromerzeuger nehmen stark ab und erreichen in 2050 nur noch 7,6 GW. Damit ist der vorgesehene Stromerzeugungsausgleich durch fossile Kraftwerke bei unzureichender Stromerzeugung über die volatilen Stromquellen Wind und Sonne nicht möglich (»Kapazitätsmarkt«), d. h., ein Stromausgleich durch Speicher ist damit für das Gelingen der Energiewende zwingend erforderlich.

**Ergebnisse Fall II: Gleichbleibende Stromerzeugung bis 2050**

1. Auch in diesem Fall übersteigt das Stromangebot über Wind plus Sonne sowie Sonstige zunehmend den Strombedarf.
2. Um eine Stilllegung der Wind- und Solaranlagen zu vermeiden, müssen ab dem Jahr 2018 – also in drei Jahren – zunehmend Stromspeicher zur Verfügung stehen:

|  |  | 2025 | 2035 | 2050 |
|---|---|---|---|---|
| - zu speichernde Strommengen (GWh/Tag) | | 47 | 351 | 726 |
| - erforderliche Anzahl Speicher der Goldisthalgröße (n) | | 6 | 42 | 86 |

Damit müsste im Jahr 2050 fast die Hälfte des täglichen Strombedarfes gespeichert werden. Erfolgt keine Speicherung, müssen die Wind- und Solaranlagen stillgesetzt werden, im Jahr 2050 also hälftig. – Die Zahlen entsprechen im Jahr 2050 gemessen an der halbierten Stromerzeugung bis 2050 fast der dreifachen Menge an Überschussstrom und zu fordernder Stromspeicher. Das zwingende Erfordernis der Stromspeicher bedeutet aber auch zwangsläufig, dass bei jeder Kostenbetrachtung der volatilen Stromerzeuger Wind und Solar verursachungsgerecht stets die Kosten für die notwendigen Speicher – welcher Art auch immer – einbezogen werden müssen.
3. Diese zu speichernden Strommengen sind Mindestmengen und beziehen sich auf den jeweils höchsten Strombedarf, da unterhalb

des höchsten Strombedarfs durch die Überlagerung von stochastisch anfallender Stromerzeugung über Wind und Solar und stochastischem Strombedarf eine Quantifizierung der Überschussstrommengen nur schwer möglich ist. Wie aber bereits die Gegenwart zeigt, sind diese im Bereich der stochastischen Überlagerung anfallenden Überschussstrommengen beträchtlich.

4.  Wenn diese Mindestmenge an Stromspeichern bis 2050 nicht zur Verfügung steht, muss durch das volatile Verhalten der Stromerzeuger Wind und Solar die Stromerzeugung dieser Anlagen zwischen 0 GW und dem mittleren Nutzungsgrad über Erdgas ausgeglichen werden (Abb. 7, Kapitel 2.2)

    Dies bedeutet einen Anstieg des Erdgasverbrauchs in Deutschland von zur Zeit rund 945000 GWh/a um rund 265000 GWh/a. Damit ist Deutschland bei einer Deckelung des Erdgasbezugs aus den Niederlanden und Norwegen und dem damit erforderlichen zusätzlichen Bezug aus Russland erpressbar.

5.  Bei einer insgesamt zu bauenden Stromerzeugungskapazität für die alternativen und konventionellen Stromerzeuger von rund 365 GW im Jahr 2050 verbleiben für die konventionellen Stromerzeuger gerade noch 15 GW. Auch hier ist damit der vorgesehene Stromerzeugungsausgleich durch fossile Kraftwerke bei unzureichender Stromerzeugung über Wind und Solar nicht möglich (»Kapazitätsmarkt«), d.h., dass zum Gelingen der Energiewende der Bau von Stromspeichern ab 2018 zwingend notwendig ist oder die Wind- und Solaranlagen stillgesetzt werden müssen. – Schließlich ist auch eine ausreichende kinetische Energie in den rotierenden Massen der konventionellen Stromerzeuger für den Fall eines möglichen Netzeinbruches nicht vorhanden (vgl. Kapitel 4).

6.  Schließlich konnte aus den Angaben zum Zubau von alternativen Energien bis zum Jahr 2050 und den prozentualen Vorgaben der alternativen Energien an der Gesamtstromerzeugung abgeschätzt werden, dass bei der Festlegung der Energiewende in 2014 von einer gemessen an heute leicht niedrigeren Stromerzeugung ausgegangen wird. Dies ändert aber wenig an den unter Punkt 2 angegebenen zu speichernden Strommengen. Dabei wird auch deutlich, dass die Angaben zur Energiewende 2014 nicht konsistent sind.

7.  Der Flächenbedarf für die alternativen Energien ist beträchtlich. Im Jahr 2050 wäre alleine für die Wind- und Solaranlagen die Gesamtflä-

che von Nordrhein-Westfalen erforderlich, einschließlich der Sonstigen (insbesondere Biomasse) würden sogar 25 Prozent der Gesamtfläche Deutschlands beansprucht.

8. Durch das volatile Verhalten von Wind und Sonne muss die Netzkapazität ab dem Jahr 2018 erweitert werden, bis 2050 von 80 GW auf etwa 220 GW. Diese gewaltige Erweiterung schließt nicht die dezentrale Stromerzeugung durch die alternativen Energien und deren Transport zu den Netzknotenpunkten ein, von wo aus der Strom in die Verbrauchszentren geleitet werden muss.

9. Es ist geradezu absurd, wenn zurzeit die für das Gelingen dieser Energiewende unabdingbaren Pumpspeicherwerke vermehrt geschlossen werden müssen durch die Einspeisung eines durch das EEG kostenfreien und bevorzugt abzunehmenden Stroms aus alternativen Energien, was zwangsläufig auch zur Schließung aller anderen(konventionellen) Stromerzeugungsverfahren führen muss.

# 4. Unzureichend sichere Stromerzeugung durch das volatile Verhalten von Wind und Sonne

Wenn elektrischer Strom nicht gespeichert werden kann, muss der in einem Stromversorgungsnetz an irgendeiner Stelle entnommene Strom unmittelbar in gleicher Menge erzeugt werden, d. h., es ist stets ein Gleichgewicht zwischen Stromentnahme und Stromerzeugung erforderlich. Wenn also zurzeit Stromverträge am Markt sind, die einen bestimmten Anteil – z. T. bis 100 Prozent – von Strom aus erneuerbaren Energien anbieten, so ist dies eine technische Unmöglichkeit. In Wirklichkeit kann jeder aus dem deutschen Stromnetz versorgte Verbraucher nur genau den Strommix beziehen, der augenblicklich in das Stromnetz eingespeist wird.

Die Anforderungen an die Stromqualität lassen sich wie folgt zusammenfassen:

50,2 Hertz
230 Volt
In Phase

Wird eines dieser Kriterien verletzt, so kann dies zu empfindlichen Stromausfällen führen.

Wie instabil unser aus vielen Einzelelementen fein vernetztes Stromversorgungssystem in Wirklichkeit ist, zeigt der massive Blackout, der am 4. November 2006 große Teile Deutschlands und Europas bis Marokko ins Chaos stürzte. An diesem Tag wurde wegen der Überführung eines Kreuzfahrtschiffes über die Ems eine Hochspannungsleitung spannungslos geschaltet. Dies führte zu einem Abfall der Frequenz auf 49,0 Hertz.

Wie so häufig gab es am Ende nicht eine einzige Ursache, sondern zahlreiche Fehler, die – vereinzelt auftretend – normalerweise folgenlos bleiben. Erst in ihrem Zusammenwirken kam es zu einer verhängnisvollen Kombination: Kommunikationsdefizite, Unachtsamkeiten etc. (Lit. 9).

Die Gefährdung resultierte aus der Missachtung des sogenannten N-1-Kriteriums, das vorschreibt, dass zu keiner Zeit der Ausfall eines bestimmten Betriebsmittels wie einer Leitung, eines Transformators oder Generators zu einem Gesamtausfall führen darf.

Im gegebenen Fall war zu wenig Kraftwerksleistung am Netz, um nach einer planmäßigen Abschaltung zweier wichtiger Leitungen noch zusätzlich den Ausfall einer dritten Leitung auffangen zu können.

Durch einen zusätzlichen Lastanstieg war letztlich innerhalb von zwei Sekunden ein automatischer Netzschutz ausgelöst worden mit der Trennung der betreffenden Leitung und schließlich war es innerhalb von zwei weiteren Sekunden zu einer Kettenreaktion mit sich immer weiter ausbreitenden Abschaltungen gekommen (Lit. 9).

Der Vorgang am 4. November 2006 zeigt, dass den Netzbetreibern bei solchen Ereignissen meist so gut wie keine Zeitreserven zur Verfügung stehen – im gegebenen Fall vier Sekunden, eine Zeit, in der selbst primär regelfähige Kraftwerke ihre Leistungsabgabe nur um Bruchteile des erforderlichen Betrages heraufsetzen können.

Die einzige sofort verfügbare Leistungsreserve, auf die ein Netzbetreiber in den ersten entscheidenden Sekunden zurückgreifen kann, ist die in den rotierenden Massen der Turbinen und Generatoren konventioneller Kraftwerke (Kohle-, Kern-, Gas- und Wasserkraftwerke) gespeicherte kinetische Energie. Aus diesem Grunde sollte bei einem immer höheren Aufkommen an volatilen Stromerzeugern eine kritische Grenze für konventionelle Kraftwerkleistung von rund 28 GW nicht unterschritten werden, um eine erforderliche Mindestreserve an Primärleistung vorzuhalten (Lit. 9, 10). Diese kritische Grenze wird jedoch bereits bei dem heutigen Anteil von Strom aus Wind und Solar häufig unterschritten (Abb. 6), was sich in einer zunehmenden Zahl von Eingriffen in die Netzstabilität durch Frequenzgefährdungen äußert.

Solarstromanlagen besitzen überhaupt keine rotierenden Massen, die rotierenden Massen der Windkraftanlagen sind gemessen an den konventionellen Stromerzeugern verschwindend gering.

Bei einem Blackout können selbst Gaskraftwerke wenig ausrichten, da es auch bei diesen mehrere Minuten dauert, bis ihr Generator wirklich nennenswerte Leistungen abgeben kann (etwa fünf Minuten bis zur vollen Leistung) (Lit. 11).

Auch diese Daten belegen, dass eine Erzeugung des Stroms von »mindestens 80 Prozent« über alternative Energien im Sinne einer gesicherten Stromversorgung nicht umsetzbar ist.

# 5. Wie konnte es zu dieser Energiewende kommen und was sind die Konsequenzen für Deutschland?

Der Soziologe Niklas Luhmann spottet in seinem Buch »Ökologische Kommunikation«: »Angst widersteht jeder Kritik der reinen Vernunft. Sie ist das Prinzip, das nicht versagt. Wer Angst hat, ist moralisch im Recht.«

Evolutionsgeschichtlich hat Angst eine wichtige Funktion. Die Urangst der Menschen bezog sich im Wesentlichen auf Wetterereignisse, kosmische Ereignisse, Fluten, Feuer etc. und wurde über Jahrtausende politisch instrumentalisiert, auch in der Gegenwart.

Als die Durchschnittstemperatur in den Jahren 1940–1970 sank, wurde in den 1970er-Jahren die nächste Eiszeit mit Milliarden Toten heraufbeschworen.

Als diese dann um 1977 wieder anstieg, wurde von den gleichen Klimatologen und Medien die Klimaerwärmung ausgerufen. Durch den gleichzeitigen Anstieg des $CO_2$-Gehaltes in der Atmosphäre durch die Ausgasung der Meere ($CO_2$-Löslichkeit) hatte man schnell einen Schuldigen gefunden, wofür eifrige Wissenschaftler schnell wissenschaftliche Erklärungen anboten (»Treibhauseffekt«). Gleichzeitig wurden von diversen Wissenschaftlern beträchtliche Meeresspiegelanstiege vorausgesagt, die Reflexe auf die Urängste weckten. Schnell wurden von diversen Regierungen in Deutschland Energiekonzepte zur Absenkung des $CO_2$-Gehaltes beschlossen.

Das Ereignis Fukushima beschleunigte dieses Vorgehen, obwohl in Fukushima niemand durch Strahlung zu Tode kam und außerdem ein Tsunami in Deutschland nicht möglich ist (Bericht des UNSCEAR – United Nations Scientific Committee on the Effects of Atomic Radiation).

Ein genauer Einblick in die Klimageschichte der Erde zeigt jedoch, dass die Erde ständigen Klimaschwankungen ausgesetzt war und dass nach der letzten Eiszeit von den bisher sechs wärmeren Phasen die jetzige nicht so warm ausfällt wie alle vorherigen, auch ohne den Einfluss von anthropogenem $CO_2$ (Abb. 17).

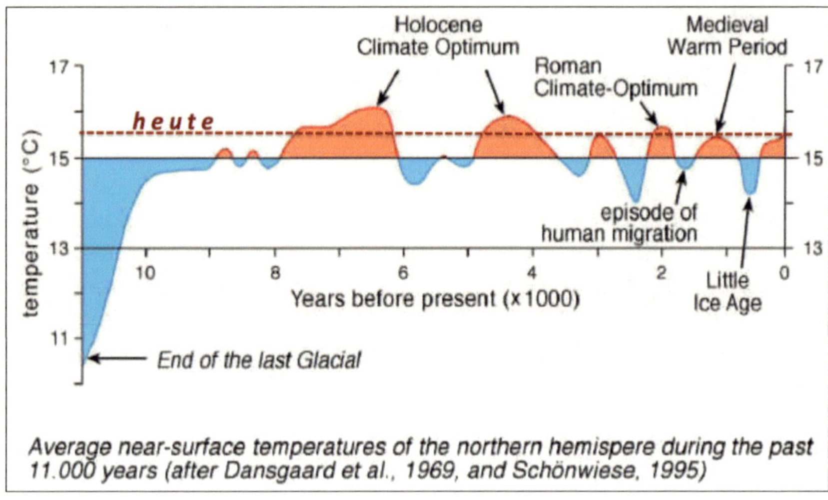


Average near-surface temperatures of the northern hemispere during the past 11.000 years (after Dansgaard et al., 1969, and Schönwiese, 1995)

Abb. 17: Warmphasen nach der letzten Eiszeit

Der wesentliche Einfluss für die Erwärmung ist auf die Aktivität der Sonne zurückzuführen.

Ein genauerer Einblick in die gemessenen Temperaturen nach der kleinen Eiszeit ab etwa Mitte des 19. Jahrhunderts zeigt in gleicher Weise zunächst eine Zunahme der Temperatur von 1910 bis etwa 1940, auch hier ohne den Einfluss von antropogenem $CO_2$ (Abb. 18).

Danach fällt die Temperatur bis 1977 wieder ab, um daraufhin 20 Jahre bis 1997 erneut anzusteigen.

Nun soll ausgerechnet dieser geringe Temperaturanstieg auf den anthropogenen $CO_2$-Ausstoß zurückzuführen sein, obwohl die Temperatur nach 1997 nicht weiter ansteigt – trotz deutlich zunehmender $CO_2$-Gehalte (Abb. 19).

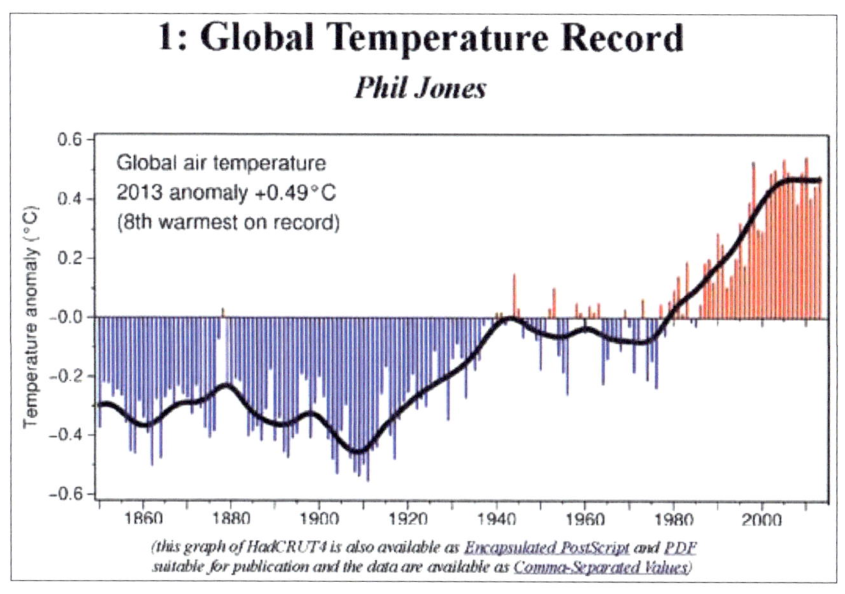


Abb. 18: Temperaturverlauf nach der kleinen Eiszeit im 19. Jahrhundert bis 2013

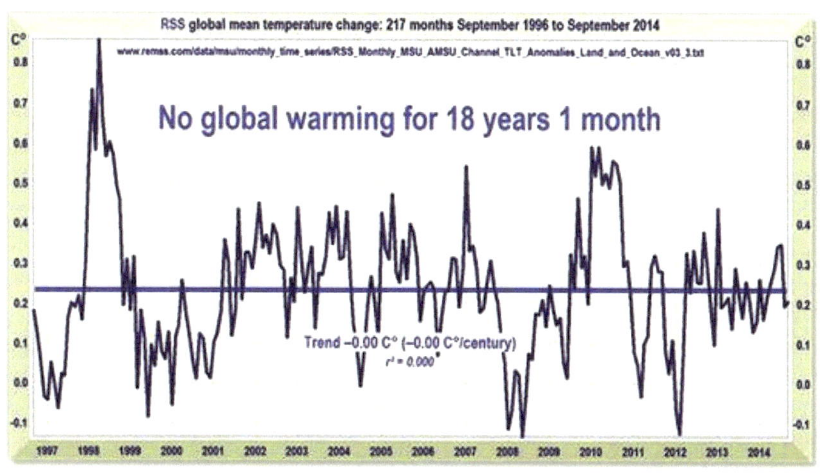


Abb. 19: Temperaturverlauf 1997 bis 2014

Im Übrigen deuten diese Temperaturverläufe an, dass die Temperaturspitze der jetzigen wärmeren Phase erreicht ist – in ähnlicher Weise wie in den fünf vorherigen wärmeren Phasen nach der letzten Eiszeit.

Somit entbehren die Aussagen der Klimatologen zum Einfluss von $CO_2$ auf das Klima der Wissenschaftlichkeit, zumal $CO_2$ aus thermodynamischen Gründen die Atmosphäre kühlt und nicht erwärmen kann (Lit. 3, 12, 13).

Richtig ist, dass $CO_2$ nach der Fotosynthese

$$6\,CO_2 + 6\,H_2O = C_6H_{12}O_6 + 6\,O_2$$

verantwortlich für das Wachstum und die Sauerstofffreisetzung ist – ohne $CO_2$ wäre also ein Leben auf dieser Erde nicht möglich.

Diesen gemessen an den fünf vorherigen Warmphasen geringen 20-jährigen Temperaturanstieg (1977–1997) nutzten wie erwähnt diverse Klimawissenschaftler, um den Menschen mit hysterischen Aussagen zur Klimaentwicklung Angst und Schrecken einzujagen.

Da die Temperatur seit 1997 nicht mehr ansteigt, kommen erstmals Zweifel an den Aussagen der inzwischen entwickelten fragwürdigen Klimamodelle auf. Die weltweit etablierten und von den Regierungen finanzierten Bürokraten, Politiker und Wissenschaftler jedoch ringen nun mit diversen »wissenschaftlichen« Angeboten zu dieser Diskrepanz um ihre ohnehin zweifelhafte Glaubwürdigkeit und Existenz.

Außerdem könnte durch die unbezahlbare Energiewende – so sie denn gelänge – der $CO_2$-Gehalt der Atmosphäre ohnehin nur ausgehend von 0,039 Prozent um 0,000008 Prozent abgesenkt werden. Sollte eine ausreichende Stromspeicherung nicht möglich sein, sänke dieser Wert auf nur noch 0,0000038 Prozent (Lit. 3).

Da aber eine Stromspeicherung zur Nutzung des Überschussstroms nach den zurzeit diskutierten Verfahren wie »Power to Gas« oder »$H_2$-Erzeugung« durch Wasserspaltung kläglich an ihren Wirkungsgraden und damit Kosten scheitern muss (Ähnliches gilt für sonstige, theoretisch mögliche Speicherverfahren), wird das Vorhaben Energiewende am Ende nicht gelingen können.

Aber solange die Medien in ihren Berichterstattungen eher die subtilen Angstfantasien zur Erhöhung ihrer Einschaltquoten und Auflagen ansprechen und wenig Wert auf eine Verifikation der Fakten legen nach dem Motto »Only bad news are good news«, wird eine Umkehr der öffentlichen Meinung schwer werden.

Hinzu kommt, dass nach einer repräsentativen Umfrage des Hamburger Instituts für Journalistik und Kommunikation unter 1500 Journalisten aus allen Gattungen die politische Sympathie der in Deutschland tätigen Medienschaffenden sich wie folgt verteilt: Grüne 35,5 Prozent, SPD 26 Prozent, CDU 8,7 Prozent, FDP 6,8 Prozent, keine Präferenzen 19,6 Prozent (Lit. 14).

Weiterhin ist zu erwähnen, dass in Deutschland die Sorgen und Ängste größer sind als in anderen Ländern (»German Angst«), wie nicht nur eine Umfrage in elf europäischen Ländern ergeben hat.

Das Fatalste dieser Misere ist jedoch, dass die Politiker ausschließlich auf die Sicht der Bevölkerung schielen, ohne an einer objektiven Aufarbeitung des Problems interessiert zu sein.

So rennen die Deutschen in eine von der ganzen Welt verspottete Energiewende, weil ihre Angstfantasien vor natürlichen Klimaveränderungen etc. stärker sind als nüchterner Realismus.

Hinzu kommt, dass durch den zunehmenden Anteil der volatilen Stromerzeuger Wind und Sonne die Stromversorgungssicherheit immer weiter beeinträchtigt wird mit all den damit verbundenen Schwierigkeiten, nicht zuletzt für die industrielle Produktion. Vor allem die energieintensiven Unternehmen sind wegen der ständig steigenden Stromkosten schon seit geraumer Zeit damit beschäftigt, ihre Produktion in Länder mit niedrigeren Stromkosten zu verlagern – der Weg in die Deindustrialisierung hat schon längst begonnen, mit all den damit verknüpften gesellschaftlichen Folgen.

# 6. Literaturverzeichnis


1.  Sinn, H.-W.: »Energiewende ins Nichts«, Vortrag 16.12.2013, Ludwig-Maximilians-Universität, München.
2.  Sinn, H.-W.: »Schafft es Deutschland, den Zappelstrom zu bändigen?«, ifo-Jahresversammlung, 26.6.2014.
3.  Beppler, Erhard: »Energiewende – Zweite industrielle Revolution oder Fiasko?«, 2013, ISBN 978-3-7322-0034-4, Books on Demand.
4.  Schuster, R.: Mitteilung vom 2.5.2014.
5.  Schuster, R.: Mitteilung vom 4.5.2014.
6.  Öllerer, K.: Windenergie in der Grund-, Mittel- und Spitzenlast: www.oellerer.net.
7.  Bundesverband der Energie- und Wasserwirtschaft (BDEW).
8.  Erneuerbare-Energien-Gesetz (EEG) 2014, nicht amtliche Lesefassung des EEG in der ab 1.8.2014 geltenden Fassung (unter Zugrundelegung der Bundestagsbeschlüsse vom 27.6. und 4.7.2014).
9.  Mueller, F.: EIKE, 29.1.2014.
10. Huene, H.: EIKE, 4.1.2014.
11. Mueller, F.: EIKE, 3.5.2014.
12. www.erhardbeppler.de.
13. www.gerhard.stehlik-online.de.
14. Fleischhauer, J.: »Unter Linken«, rororo, 2012, S. 352.

# 7. Anlagen

## Anlage 1: Plan Energiewende 2010 / 2011

| | 2010 GW | 2010 GW eff. | 2020 GW | 2020 GW eff. | 2030 GW | 2030 GW eff. | 2040 GW | 2040 GW eff. | 2050 GW | 2050 GW eff. |
|---|---|---|---|---|---|---|---|---|---|---|
| Atom | 21 | 19,5 | 8 | 7,4 | 0 | 0 | 0 | 0 | 0 | 0 |
| Fossil | 77 | 69 | 72 | 64,8 | 54 | 48,6 | 43 | 38,7 | 40 | 36 |
| Wind | 28 | 5,6 | 46 | 9,2 | 63 | 12,6 | 76 | 15,2 | 79 | 15,8 |
| Sonne | 18 | 1,8 | 52 | 5,2 | 63 | 6,3 | 65 | 6,5 | 65 | 6,5 |
| Sonstige | 10 | 9 | 13 | 11,7 | 16 | 14,4 | 18 | 16,2 | 20 | 18 |
| Summe | 154 | 102,9 | 191 | 98,3 | 196 | 81,9 | 202 | 76,6 | 204 | 76,3 |

## Anlage 2:  Abschätzung der zu speichernden Strommengen

| | | Basis | |
|---|---|---|---|
| | | obere | mittlere |
| | | Strombedarfslinie | |
| | | 2030 | 2019 |
| 1. Wind plus Solar (Anlage 1) | (GW) | 126 | 93 |
| 2. Differenz 60 % Wind plus Solar sowie Sonstige und oberer Strombedarf (Abb. 1) | (GW) | 35 | 20 |
| 3. $\dfrac{\text{Spalte 2 x 100}}{\text{Spalte 1}}$ | (%) | 28 | 22 |
| 4. abgegriffen aus Spalte 3 in Abb. 4 | | $(60 - 28 = 32\%)$ | $(60 - 22 = 38\%)$ |
| | (h / a) | rd. 750 | rd. 300 |
| 5. mittleres prozentuales Leistungsäquivalent (Spalte 4) | (%) | $\dfrac{60 + 32}{2} = 46$ | $\dfrac{60 + 38}{2} = 49$ |
| 6. mittleres Leistungsäquivalent $\dfrac{\text{Spalte 5 x Spalte 1}}{100}$ | (GW) | 58 | 46 |
| 7. Spalte 4 x Spalte 6 | (GWh / a) | rd. 43500 | rd. 13800 |

**Anlage 3:** **Berechnung quantitative Stromerzeugung über alternative Energien ohne Stromspeicher**

|  |  | 2050 |
|---|---|---|
| 1. Stromerzeugung (Mrd. kWh/a) |  | 300 |
| 2. GW eff. installiert (Anlage 1) |  | 76,3 |
| 3. GW eff. Wind plus Solar (Anlage 1) |  | 22,3 |
| 4. Stromerzeugung über Wind plus Solar $\dfrac{\text{Spalte 3 x Spalte 1}}{\text{Spalte 2}}$ (Mrd. kWh/a) |  | 88 |
| 5. GW eff. Fossil plus Atom (Anlage 1) |  | 36 |
| 6. Stromerzeugung über Fossil plus Atom $\dfrac{\text{Spalte 5 x Spalte 1}}{\text{Spalte 2}}$ (Mrd. kWh/a) |  | 141 |
| 7. GW eff. »Sonstige« (Anlage 1) |  | 18 |
| 8. Stromerzeugung über »Sonstige« $\dfrac{\text{Spalte 7 x Spalte 1}}{\text{Spalte 2}}$ (Mrd. kWh/a) |  | 71 |
| 9. Wind plus Solar genutzt $\dfrac{\text{Spalte 4}}{2}$ (Mrd. kWh/a) |  | 44[1] |
| 10. Gas-Puffer (Mrd. kWh/a) |  | 44 |
| 11. Anteil alt. Energien $\dfrac{\text{Spalte 8 + 9 x 100}}{\text{Spalte 1}}$ | (%) | 38,3[2] |
| 12. Anteil alt. Energien Wind plus Solar $\dfrac{\text{Spalte 9 x 100}}{\text{Spalte 1}}$ | (%) | 14,7[2] |

[1] Verlust um den gleichen Betrag
[2] siehe auch (Lit. 3)

**Anlage 4: Berechnung der Wind- und Solaranlagenkapazitäten für 2025, 2035 und 2050 nach den Vorgaben der Energiewende 2014**

1.  Alternative Energien in 2013:

Rund 23,5% Gesamtstromerzeugung von rund 600 Mrd. kWh/a (600000 GWh/a) über alternative Energien erzeugt:

|  | installiert | Nutzungs-grad | Kapazität effektiv | Stromerzeug-ung |  |
| --- | --- | --- | --- | --- | --- |
|  | GW | % | GW eff. | GWh/a |  |
| Wind | rund 33 | 25 | 8,25 | 56060 |  |
|  |  |  |  |  | 56,6% |
| Solar | rund 35 | 10 | 3,5 | 23783 |  |
| Sonstige (Biomasse, Wasser etc.) | rund 10 | 90 | 9 | 61157 |  |
|  |  |  | 20,75 | 141000 |  |

Von den alternativen Energien entfallen in 2013 rund 56,6% (bzw. 79843 GWh/a) der Stromerzeugung auf die alternativen Energien Wind und Solar.

2.  Berechnung des Anteiles der Biomasse bis 2050

Nach dem Plan der Energiewende 2014 sollen jährlich rund 0,100 GW über Biomasse zugebaut werden:

| 2025 | rund 11 GW über Sonstige entsprechend | 67272 GWh/a |
| --- | --- | --- |
| 2035 | rund 12 GW über Sonstige entsprechend | 73387 GWh/a |
| 2050 | rund 13,5 GW über Sonstige entsprechend | 82561 GWh/a |

3.  Bei gleichem Verhältnis Wind zu Solar wie in 2013 und halbierter Stromerzeugung bis 2050 muss dann die Zunahme der Erzeugung über alternative Energien auf 45% in 2025, 60% in 2035 und 80% in 2050 fast alleine über Wind und Solar erfolgen:

|                            | GWh/a  |
| - Gesamterzeugung in 2025  | 487500 |
| - Gesamterzeugung in 2035  | 412500 |
| - Gesamterzeugung in 2050  | 300000 |

**2013**: 79843 GWh/a über Wind plus Solar mit 33 + 35 = 68 GW

**2025**: Gesamterzeugung 487500 GWh/a

- 45% Strom über alt. Energien       219375 GWh/a
- Sonstige       − 67272 GWh/a
- Wind plus Solar       152103 GWh/a

- 79843 GWh/a in 2013 mit       68 GW Wind plus Solar
  152103 GWh/a in 2025 mit       130 GW Wind plus Solar
  + Sonstige       +11 GW
        141 GW

**2035**: Gesamterzeugung 412500 GWh/a

- 60% Strom über alt. Energien       247500 GWh/a
- Sonstige       − 73387 GWh/a
- Wind plus Solar       174113 GWh/a

- 79843 GWh/a in 2013 mit       68 GW Wind plus Solar
  174113 GWh/a in 2035 mit       148 GW Wind plus Solar
  + Sonstige       12 GW
        160 GW

**2050**: Gesamterzeugung 300000 GWh/a

- 80% Strom über alt. Energien       240000 GWh/a
- Sonstige       82561 GWh/a
- Wind plus Solar       157439 GWh/a

- 79843 GWh/a in 2013 mit       68 GW Wind plus Solar
  157439 GWh/a in 2050 mit       134 GW Wind plus Solar
  Sonstige       + 13,5 GW
        147,5 GW

4. Bei gleichbleibender Stromerzeugung von 600000 GWh/a und sonst unveränderten Bedingungen wie unter 3. gilt:

**2013**:  79843 GWh/a über Wind plus Solar mit 33 + 35 = 68 GW

**2025**: Gesamterzeugung 600000 GWh/a

- 45% Strom über alt. Energien  270000 GWh/a
- Sonstige  − 67272 GWh/a
- Wind plus Solar  202728 GWh/a

- 79843 GW in 2013 mit  68 GW Wind plus Solar
  202728 GW in 2025 mit  173 GW Wind plus Solar
  Sonstige  11 GW
  184 GW

**2035**: Gesamterzeugung 600000 GWh/a
- 60% Strom über alt. Energien  360000 GWh/a
- Sonstige  − 73387 GWh/a
- Wind plus Solar  286613 GWh/a

- 79843 GW in 2013 mit  68 GW Wind plus Solar
  286613 GW in 2035  244 GW Wind plus Solar
  Sonstige  12 GW
  256 GW

**2050**: Gesamterzeugung 600000 GWh/a
- 80% Strom über alt. Energien  480000 GWh/a
- Sonstige  82561 GWh/a
- Wind plus Solar  397439 GWh/a

- 79843 GW in 2013 mit  68 GW Wind plus Solar
  397439 GW in 2050  338 GW Wind plus Solar
  Sonstige  13,5 GW
  351,5 GW

| | installierte Leistung | | Nutzungs-grad | GW eff. | | Stromerzeugung | |
| | Stromerzeugung | | | Stromerzeugung | | | |
| | halbiert | gleich-bleibend | | halbiert | gleich-bleibend | halbiert | gleich-bleibend |
| | GW | GW | % | % | % | GWh/a | GWh/a |
|---|---|---|---|---|---|---|---|
| **2013** | | | | | | | |
| Wind | | rund 33 | 25 | | 8,25 | | 56060 |
| Solar | | rund 35 | 10 | | 3,5 | | 23783 |
| Sonstige | | rund 10 | 90 | | 9 | | 61157 |
| | | | | | 20,75 | | 141000 |
| Strom konventionell | | | | | | | 459000 (rd. 58 GW) |
| **2025** | | | | | | | |
| Wind plus Solar | 130 | 173 | 17,3[1] | 22,5 | 29,8 | 152103 | 202728 |
| Sonstige | 11 | 11 | 90 | 9,9 | 9,9 | 67272 | 67272 |
| | | | | | | 219375 | 270000 |
| Strom konventionell | | | | | | 268125 (rd. 21 GW) | 330000 (rd. 42 GW) |
| **2035** | | | | | | | |
| Wind plus Solar | 148 | 244 | 17,3[1] | 25,6 | 42,2 | 174113 | 286613 |
| Sonstige | 12 | 12 | 90 | 10,8 | 10,8 | 73387 | 73387 |
| | | | | | | 247500 | 360000 |
| Strom konventionell | | | | | | 165000 (rd. 21 GW) | 240000 (rd. 30 GW) |

**2050**

| | | | | | | | |
|---|---|---|---|---|---|---|---|
| Wind plus Solar | 134 | 338 | 17,3[1] | 23,2 | 58,5 | 157439 | 397439 |
| Sonstige | 13,5 | 13,5 | 90 | 12,2 | 12,2 | <u>82561</u> | <u>82561</u> |
| | | | | | | 240000 | 480000 |
| Strom konventionell | | | | | | 60000 (rd. 7,6 GW) | 120000 (rd. 15 GW) |

[1] gewogenes Mittel Wind plus Solar

## Anlage 6: Abschätzung der zu speichernden Strommengen bei gleichbleibender Stromerzeugung

| | | 2025 | 2035 | 2050 |
|---|---|---|---|---|
| 1. Wind plus Solar installiert (Anlage 5) | (GW) | 173 | 244 | 338 |
| 2. Differenz 60% Wind plus Solar sowie Sonstige (genutzt) und oberer Strombedarf (Abb. 14) | (GW) | 38 | 81 | 139 |
| 3. $\frac{\text{Spalte 2} \times 100}{\text{Spalte 1}}$ | (%) | 21,9 | 33,2 | 41,1 |
| 4. abgegriffen aus Spalte 3 in Abb. 4 (Kapitel 2) | (h/a) | $60-21,9=38,1$ rd. 200 | $60-33,2=26,8$ rd. 1500 | $60-41,1=18,9$ rd. 2800 |
| 5. mittleres prozentuales Leistungsäquivalent (Spalte 4) | (%) | $\frac{60+38,1=49,1}{2}$ | 35 | 28 |
| 6. mittleres Leistungsäquivalent $\frac{\text{Spalte 5} \times \text{Spalte 1}}{100}$ | (GW) | 84,9 | 85,4 | 94,6 |
| 7. Spalte 4 x Spalte 6 | (GWh/a) | 16980 | 128100 | 264880 |
| 8. $\frac{\text{Spalte 7}}{365 \text{ Tage}}$ | (GWh/Tag) | 47 | 351 | 726 |
| 9. Anzahl Speicher $\frac{\text{Spalte 8}}{8,4}$ | (n) | 5,6 | 42 | 86 |

**Anlage 7: Erforderliche Fläche für die alternativen Energien bei gleichbleibender Stromerzeugung**

|  | Wind | Solar | Sonstige | Summe Fläche km² |
|---|---|---|---|---|
| 2013 (GW) | 33 | 35 | 10 |  |
| Fläche (km²) | 3300 | 3500 | 40000 | 46800 |
| 2025 (GW) | 84 | 89 | 11 |  |
| Fläche (km²) | 8400 | 8900 | 44000 | 61300 |
| 2035 (GW) | 109 | 115 | 12 |  |
| Fläche (km²) | 10900 | 11500 | 48000 | 70400 |
| 2050 (GW) | 164 | 174 | 13,5 |  |
| Fläche (km²) | 16400 | 17400 | 54000 | 87800 |

**Anlage 8: Abschätzung der Gesamtstromerzeugung auf der Basis von Zubau an alternativen Energien bis 2050 und ihrem prozentualen Anteil an der Gesamtstromerzeugung nach der Energiewende 2014**

1.  Alternative Energien in 2013:

Rd. 23,5 % der Gesamtstromerzeugung von rund 600 Mrd. kWh/a (600000 GWh/a) wurden in 2013 über alternative Energien erzeugt:

|  | installiert GW | Nutzungsgrad % | Kapazität GW eff. | Stromerzeugung GWh/a | Faktor $\frac{GWh/a}{GW\,eff.}$ |
|---|---|---|---|---|---|
| Wind | rd. 33 | 25 | 8,25 | 56060 | 6795 |
| Solar | rd. 35 | 10 | 3,5 | 23783 | 6795 |
| Sonstige | rd. 10 | 90 | 9 | 61157 | 6795 |

2. Zubau alternativer Energien bis 2050

|  | Solar<br>GW | Wind Land<br>GW | Wind See<br>GW | Sonstige<br>GW | Summe<br>GW |
|---|---|---|---|---|---|
| Stand 2013 | rd. 35 | rd. 33 | | rd. 10 | rd. 78 |
| Stand 2030 | 75 | 94 | | 11,5 | 181 |
| Stand 2050 | 125 | 144,5[1] | | 13,5 | 283[1] |
| (Stand 2050 | 125 | 166[2] | | 13,5 | 304,5[2]) |

3. Mittlere Nutzung Wind, Solar, Sonstige 2030 und 2050

|  | 2030 | | 2050 | |
|---|---|---|---|---|
|  | installiert<br>GW | genutzt<br>GW | installiert<br>GW | genutzt<br>GW |
| Wind | 94,5 | 23,6 | 144,5 (166)[2] | 36,1 (41,4)[2] |
| Solar | 75 | 7,5 | 125 | 12,5 |
| Sonstige | 11,5 | 10,4 | 13,5 | 12,2 |
| Summe | 180 | 41,5 | 283 (304,5)[2] | 60,8 (66,1)[2] |

4. Stromerzeugung über alternative Energien 2030 und 2050

|  |  | | 2030<br>Stromerzeugung<br>(GW eff. x 6795) | | 2050<br>Stromerzeugung<br>(GW eff. x 6795) |
|---|---|---|---|---|---|
|  |  | GW eff. | GWh/a | GW eff. | GWh/a |
| a) | Wind | 23,6 | 160362 | 36,1 (41,4)[2] | 245300 (281313)[2] |
| b) | Solar | 7,5 | 50963 | 12,5 | 34938 |
| c) | Sonstige | 10,4 | 70668 | 12,2 | 82899 |
| d) | Summe | 41,5 | 281993 | 60,8 (66,1)[2] | 363137 (399150)[2] |

[1] ohne Wind See 2030–2050
[2] Zuwachs Wind See in 2030–2050 wie 2013–2030 angesetzt: + 21.5 GW

5. Anteil der alternativen Energien an der Stromerzeugung nach der Energiewende 2014 und Berechnung der Gesamtstromerzeugung

|  |  |  | 2030 | 2050 |
|---|---|---|---|---|
| a) | Vorgabe alternative Energien an der Stromerzeugung | (%) | 52,5 (extrapoliert) | 80 |
| b) | Stromerzeugung<br>$\underline{\text{Spalte 4d}}$<br>$\underline{\text{Spalte 5a}}$<br>100 | (GWh/a) | 537130 | 453921[1]<br>(498938)[2] |
| c) | Anteil Stromerzeugung über fossile Kraftwerke Spalte 5b – Spalte 4d | (GWh/a) | 255137 | 90784[1]<br>(99788)[2] |

[1] ohne Wind See 2030–2050
[2] Zuwachs Wind See in 2030–2050 wie 2013–2030 angesetzt: + 21.5 GW

**Anlage 9:  Berechnung des Anteils der Stromerzeugung über alternative Energien an der Gesamtstromerzeugung bei gleicher Stromerzeugung ohne Stromspeicher**

|  |  |  | 2050 |
|---|---|---|---|
| 1. | Stromerzeugung | (GWh/a) | 600000 |
| 2. | Stromerzeugung Sonstige (Anlage 4) | (GWh/a) | 82600 |
| 3. | Stromerzeugung Wind, Solar (Anlage 4) | (GWh/a) | 397400 |
| 4. | Stromerzeugung alternative Energien: Spalte 2 + 3 | (GWh/a) | 480000 |
| 5. | Wind, Solar genutzt, wenn keine Speicher vorhanden $\dfrac{\text{Spalte 3}}{2}$ | (GWh/a) | 198700 |
| 6. | Gas als Puffer (vgl. Abb. 7) | (GWh/a) | 198700 |
| 7. | Anteil alternative Energien genutzt $\dfrac{\text{Spalte 2 + 5 x 100}}{\text{Spalte 1}}$ | (%) | 46,9 |
| 8. | Wind, Solar genutzt $\dfrac{\text{Spalte 5 x 100}}{\text{Spalte 1}}$ | (%) | 33,1 |

**Anlage 10: Abschätzung der Stromerzeugung über alternative Energien an der Gesamtstromerzeugung ohne Speicher anhand der abgeschätzten Stromerzeugung bis 2050 auf Basis von Zubau der alternativen Energien und ihrem prozentualen Anteil an der Gesamtstromerzeugung (vgl. Anlage 8)**

|  |  | 2050 |
|---|---|---|
| 1. Stromerzeugung | (GWh/a) | 453921[1]<br>(498938)[2] |
| 2. Stromerzeugung Sonstige | (GWh/a) | 82899 |
| 3. Stromerzeugung Wind, Solar | (GWh/a) | 280238[1]<br>(316251)[2] |
| 4. Stromerzeugung alternative Energien<br>Spalte 2 + 3 | (GWh/a) | 363137[1]<br>399150[2] |
| 5. Wind, Solar genutzt, wenn keine<br>Speicher vorhanden<br>$\dfrac{\text{Spalte 3}}{2}$ | (GWh/a) | 140119[1]<br>(158126)[2] |
| 6. Gas als Puffer (vgl. Abb. 7) | (GWh/a) | 140119[1]<br>(158126)[2] |
| 7. Anteil alternative Energien genutzt<br>$\dfrac{\text{Spalte 2 + 5 x 100}}{\text{Spalte 1}}$ | (%) | 49,1[1]<br>(48,3)[2] |
| 8. Wind, Solar genutzt<br>$\dfrac{\text{Spalte 5 x 100}}{\text{Spalte 1}}$ | (%) | 30,8[1]<br>(31,7)[2] |

[1] ohne Wind See 2030–2050
[2] Zuwachs Wind See in 2030–2050 wie 2013–2030 angesetzt: + 21,5 GW

# Danksagung

Mein besonderer Dank gilt Herrn Rolf Schuster für die zahlreichen statistischen Auswertungen, ohne die diese Analyse nicht möglich gewesen wäre.

Danken möchte ich auch Herrn Tobias Uelwer für die Erstellung zahlreicher Bilder.

Nicht zuletzt danke ich Herrn Dr. D. Lohr und Herrn Dipl.-Ing. H.-U. Reßmann für zahlreiche anregende Diskussionen und die kritische Durchsicht des Manuskriptes.